10X10
FILLOMINO
Logic Puzzles Volume 1

HOW TO PLAY
FILLOMINO

*Fill in all empty cells with numbers using the following rules.

*Divide the board into sections. Fill each block with the same number horizontally or vertically.

*Each section contains as many cells as the number in the section.

*Same sized sections cannot touch each other, horizontally or vertically.

6		1		4		3			
			4	4		6			
	9				9	9		4	
6	3					4	5	4	
		2	1		4	8			4
		5				8	8		1
	6	2	1	7	3	6		1	7
							7	7	
		6	6				7		7
	3			7	6		6		7

1

	5		5		3		2	5	
5					4				5
4		8	4		2		4	4	
	4		8		4	7			4
7			4		3			3	
	1		8			3		4	
		8	8	9					4
7		3	4		9	4		9	
	6			3					
					3		2	2	

2

3		5			6				3
	3			4		4	4		
	6				9				3
6	5	5			2		1	2	
5				3	3	9			1
		8	6		6				5
				4		5			
1	2			8			1		7
		5	5		6	5		7	
							7		

3

5				1			6		6
	9	2				6		1	6
		8			8	4	7		
9		9		8		4			
	9		4		2		2	2	
	9					5		5	
8			7		7		3		6
	6				7		4	4	
	3	3		7		6			
		8			1				6

4

6			4					2	
	7		7					8	
	6					8			
6	6			9	2		8		4
		4	3		5		5	8	
			3	9	5	2			6
4	6			3		1			
	4	7	7		8	8		7	
4		7	7	8			7		7
	7	7	7		8		7		

5

	3		4		4			4	
4		4		9				6	
	3		3				4	6	
		3		9		4	8		6
		7		9				3	
	4		1	3					8
				2			4	1	
	4		5	5	1		4		
	3	3			2			3	4
6		3	5	4				2	

6

			2	7	7				
4		1			4	7	3		
	3	8				4		3	
2	8		8		3	1	2	4	
	4	8			8	3			4
4		4		9		7		6	
			9	9			5	6	
9		9		4					6
1		6	3		4	3		5	
	6							3	3

7

2					8		6	6	
	7	6			3	8	1		
	1		4	4					6
	6		4					2	
3			6						6
9	9	9			6		6	6	
	9			1		3			7
9		3		3	1		4		7
		2			4			4	
	5		5				6		6

8

	7	7		6					6
1	7	7	7				8		3
7			7		4	6			
	2		4	8		4			
7				9					5
		1	4		9	5			
		6		9		9	7		3
1	2	6		9	9				
3					9		6		2
	6		3				7		7

9

4			3				3		3
6	4	4		5		5		7	
			3	7					
	6		6	7		5		2	
4		7			7		6	2	
	6				7	5		4	
6		6	2		4	5	7		
	6	6	4		7		7	3	
		5		6	7	2		3	3
5			6			5			

1			7					8	
	2		6			7			
		4		3	9	9	6		
		4		9				8	
	2				1	9	1		
7	7		5		5		9	7	1
		7		3		3	3		3
6		7	5		5				
6						2			
	6		8				7		7

11

			2		7		3		2
	5	6		1	7	7		3	
			5		5	1			1
3		4				4		8	
	4								
	9		7			7		8	4
	9			4					
			6		7			6	
6	9	6			6			6	6
			6		4		6	6	

12

3	3			9					
	3			4	1			6	
2		9	4			6		7	
8	8		3			5	5		5
8		3			4				
	8			3		2		4	
	6	6	5				7		7
	5			5		2			
8		6			3		7	7	2
6			6	6		5			

13

	8			7					7
							8		7
4	9		3			3			2
	5						5	3	3
5				8	8			3	
	9		5				5	2	2
2	2	4			5		8		6
	4		6			6			
5		5		6			6		3
3				6	4				

14.

	6				2	4		4	
		4	1		8		4		7
4				8		6		2	
	9				5		5		
		8	8					5	
	4		4	1	6		5		8
		9				8			
	6		1		6	6	5		
	4	4					5		5
		4	2			6		6	

15

		7	5				5	5	
		7	5	5		3		5	2
2	2			4		1			
		3	8					5	9
	3	5		2	4	1			9
4							1	3	
1		5		4		6			1
			4	5	6		6		6
	6					3	6	3	
		5	5					3	3

16

	9			2			5		5
9	9	9							
	4			7			5		
3		3	7			2		6	
	8				5	4	4	4	5
		3							
	2			1	8	5			1
7		7	3	6				8	
	7					6			
7	7				3		3		5

17

3						6		4	
			4		4		6		4
6			3	3					
2	7		7		3				3
	7	7		5	2		4		3
				4		1			3
					3		3		8
	2	9	9	2				5	3
					3		5	5	
	6	6				6	5		

18

6		6	6					5	
	6			7		3	9		3
	5	3	7	7		1			9
5		3	3					3	3
6	6		7					3	
	2	6				2			9
	3					4	4		
			2		4	4			7
5	4		2		2				3
	5	3			2	7		7	

19

			6						
	3		6	6		2	3		4
2			3		9			3	
	2					4			6
4		3	3	9	2		4	4	7
			3			5		7	
4		2	2	1		5	5		7
					8		1		4
	3	3	6			5		7	
		5		8					

	2			4					6
7			7		7	1		6	
3		7		6					3
3	3		6		6		2	2	
				6		9			5
	4						9		
7			4			3		2	2
	5	5			8		3		5
	7		3	3	3	4		3	
1				6	6		5		

21

3				6		8			
	5		8				4		
3	1	8		8	6		4		
		4		8		8	2		
6		8						7	4
	4		9			6	6		
		3			6		6		4
	6	8	3	8	4	4			
3	3		8		4	4		5	
				2	5			5	

22

	5		4	7	7		7	2	
5			6	6		7	1	6	6
	5		6		6		2		
		3		6		7	2		
6	4	4	2		8				
	4	4				8		4	
6			9	9					4
9					9	3	6	7	1
		9	3		4				6
6	6			3				6	

23

		6			2		9		
	5	6		3	1				9
5		6	3	3				9	
				7		2			
		3				4			6
			3	1	5		5		
3	5				1	6		4	6
6							6		3
7	6	6					8	6	3
	7			8	1		2		

24

5		6			4			9	
			6	9			3		
		5			9			7	
	3	7		8		3			7
		2			2		3	1	6
			7	8					
1					8		3		6
	3	3		7		8		1	
		6						7	
	6	4		2	3		3		3

25

	2			1		7	9		
	6				7			4	
		2					7		
8	7		5		2			9	
			3		5		9		
		8		5					
	8	1		4	7	7	5		
8	7				5			6	6
				1				6	
	4		4		1			8	

26

6				8				4	
			1		4		3		2
		9				7		4	1
	4				4		7		
9	9	4					7		7
		9	6		4				
4						2			6
			2		7			3	
4		5		7		6		6	
	5			5	3				3

27

5		5		4	4		8	8	
5	5			6	3	2	8	8	3
	8	3	6			3	8	8	
8			6		6		8	8	
				9		3			
	4	7		9		1			4
			1				9		
4				2	9	2		7	
				5			7	5	
7	7	5	5		6				5

28

2		1	7		4			5
6	6	7		3		4		8
			7	8				8
				5			4	4
6	5				5	7		4	9
		3		2		7	7	
	6	3	3		7	3		1
		5				3	3		9
			4		7		9	2
6		7				7		

29

				7			7		5
	3			5				5	
	4	4	3	2	7		3		3
8							1		2
	8			3			9		
		1		1			9		4
	5		7					9	
	5	5		5		9	2	5	
	3		7		7		5		
	6			6				6	

30

			7		3	4	4		
	3	3		5	3			6	
	3		8			6	4	9	
	4	8					9		
5			6			1			9
5	5							9	
			5				9		3
4		8	6						7
	2			6	7	3		7	
	4	1	2	6	3			3	

				5	8				
	9				9		8	5	
	5		5		9				
7		5			2		4		3
6				4				4	
					6				4
6	7	2	3	4				6	2
	4	3		7	7	7			
				6		2			4
		4				1		1	

32

				6				
	2	3	6					
		4		4	9			3
	6	8				5	6	9	2
7	6		8					9	
		2	8	8	1		6		4
			3		4			4	
8	6	8		8	4		6		4
				2		1	5	6	
	8		8		3	5			

33

	1	2						7	
7						8	6		
		8		3	8	8	7		2
	5	5	3	3		1		4	
			5				2		
6		5		9	1			4	
			9		4		1		
2	9	9				6	6		
	9	9	9		3			3	
3	3		6			5			

34

	6		1			6		7	
6	6	6		1			3		
8			8	8		6	3	3	
		6						9	
2	8		6	2		8			7
						8		3	1
	8		4				5		3
				2		8		3	
8	2	8	1						
	8	8		3	1	2	6		

35

			5		3		2		9
3	3	3		7			9		
				7	2				3
	7								7
3			8		4				1
2		8			1	4		7	
8	8		1	2			7		3
	3			3		4		5	3
6			5		5		7		5
	6			6	1				

36

9				8	4				1
	9		3		8			3	
		4	8			4		7	3
		8		8			5		
9	9			3		2		5	
9	9		3				2	7	3
		1	5		5	3			
		4		3		6	4		
	5	4				4			
4						6			

37

4							4	4	
	4	7		7		1	4		
	8		1		3	9	4	1	
		6							
					3	9	9		6
2	7			5		3		7	7
	7	3	2				9		7
			7	2		7		7	6
3					3			6	
	7	6				3	6	6	6

38

			3		3		3		4
5		6		6	2				
			3		2				9
	4	4	4			4	4		
6	5					5			
					3		9	5	
	7	5	2	3	7			8	
7		1						4	
	1		3			5		4	4
		2		1			8	8	

39

				5					7
1	4	4					2		
		9	9				8		
7	9				5			6	5
	2		5				6		6
7		5	7	5				6	6
	7				7		8		3
7				7		8			
		5	7		2			5	6
	6			3			6		

40

5		6		5		5		3	
	5		5		3		3		
3			5						
	3		6			5		6	4
2		1	7	3		4	4	2	
			7		7		8		
	3	7	7		8			8	
3		2					3	3	5
	9		3	3			1		
9								3	

41

		8				1		5	
			6		8		6		5
3	3			8			3	3	
		3		8	9			6	
	8	2		5	1				
4		5							3
					9		9	3	
2			3	8		9	3		
4		3						1	7
2				5	5		7		

42

	9		9		5				
9		9		6			4		
9	5		9			8			3
6				1		2		3	6
			6		8		6		
		6		5		2	4		6
4			5	5	8				6
	3	5	1					2	
4			6						
6		6		7		4	6		

43

			1	5		8		5
	3		7		8		7	5
3	1			5	2		4	
	5				2			7
		2		8				
	6	2		8		4	7	
6	5		8		3		7	3
		5	1		3		3	
	6				9			4

					1	9			
6		5		2					
	3		2	8			4	1	
6			3		8	4		7	7
7							6	6	
			7		1	3			7
	3		7		3		6		
	3	3	7	3		6		6	
							4	5	
	8		2	2					

45

	1		3		3	6	6		3
		7		6	3			6	
			6		5			2	
	4	7			5		5	7	
	6	8		6		5			
					3			3	7
		5				5			
	5			9	3				3
	4	5		9		1		9	
	2	1	9						

46

				3	5	5		5	
			8	9	9		5	3	
	3					6	6		6
8		6	9	9	1				3
6			7		9	9		6	6
2	6			3		9	8	6	
	3	3		3	3		8	8	
			7			4			6
2	3	4		6		8			

47

						5	6		
6	3		9	2	5			3	
3					8			4	
2	9	9		9			4		3
			5	5			8	8	
9			5				8		1
	6		6	1					
		1					3		
4	2	7			4	4			
	4				6		3		5

48

		6		5	5		6		2
7		4	4						7
		4	4				2	2	
	7	7		9	5				7
7	6		9		1		4		
	2				9			7	
4					3			7	
	4		9			8			6
6			3		7		6		6
			7			7		1	

49

	5					4	5		5
		7	5	7	7		7		6
7		2		7			7		6
	5				4				
8			2				6	3	
			1			4			7
1							7	7	
5	8	8		9	3	1	7		
5		8	7						2
	5	5			1		5		2

50

	5			9		9			
5	4	9	9				4		5
5		7			9				3
					8	8	2		2
		5		1	8		8		
3	6				4				
3		6		2			7	8	
			4		4	7		4	4
5		5	5			5		4	
	3						7		

		7	9		3			6	
		7			3	3	6	6	
	7	5	5					8	
	6		5	8	8		6		8
				8	8		2	3	
6			8		8	1			
3		7	2			3			
	7	7	7	4				7	
7	3		3	3			1		
		6						2	

3		3	4	4					8
		4			9	9	9	8	
7					9	9	9		1
	3	8			9			8	2
	3	7			3	9		3	
5			3						3
	5			4	5		4		3
5	7		4		4			5	
5		7							6
2			1		5		5	5	

53

		4		5			5		
9			9		5	4			
4		9	9		2		3		
	4	9		4	4	4		2	
			9	4		3			
5	5		8		8	4			7
	1				8			1	2
			1			2	4	6	
	2	4	4			3			
7		7		4	6		6	6	

54

	3		5	7				5	
			5		7	5			8
	3			3		1		5	
9			8			3			
9		1			6		8		
9	9		2	8			6	6	
5						2		1	
	3			8			7		
5		6	6	2	3			7	7
			3		5		7		

			5				3	
		7	2				5	
1		4		6	5	4		7
				6	4			5
	7	2		3		4		7
	8	2					3	7	9
8		3		3	5	1			9
	3		5				9	9
	8		6		1	5	9	5
	2	2						

56

		3	3		3				
		6		6	6		5	6	6
	3		2						
5		3					3		3
5				1				6	
6					9		8		3
3		7		2		9		3	
	1			4					
5		1		9	2		7	2	7
	5					9		7	

	3	1			5				
	8			3		8	2		1
7		7		8	8	8		5	
		3		4		7			2
3	7	3				5			2
3		6	6	4	4		7		7
	6							7	5
8	5							3	
		1		9		5		3	
	8			9					5

58

				7			7		
			6		2	7			3
		4		3		3		9	
6		3	7				9		3
	5		7			5	4	8	1
5				1		4			
	5	6		3	1				8
			7	3			1		
	5			4	4	1		2	4
5		5	5					2	

59

		4			1	4	4		6
4		7	7		5		4		
	2		7	4		5		2	
5	5	7		4	4		3	2	
		3				8		8	4
	3	3		1		8			
					3				5
3			1			9		4	
8			3						4
		8		2		3			4

60

			8			6	6		7
	7				5		6		
7	6					8			
6			6	8			1	7	
		4			2		3		
	5	6			4	4			
5	4			6	1	9	4	1	
		4			3		4		
3	4		2		9		8		
	1					9		8	

61

			7			7			1
6		9		1	3		3	1	
				2		2			
		3			3				
9	3		6				4		5
	3	3		6	4		5	3	
		7	4				6		
9					7		5	6	
		7			8		6		
	5			6				8	

	4		4		6			6
1		2			3			3
		6		3	7		7	
8		1	3		1			3
5				6	3			
			5			2		
4		8		6	6		4	
	4			5		1	4	5
4						4		
		6		8	2	4		

63

8		8	8		8				5
			8	6		9		3	3
	3	6					2	3	
8			6	6		8			
		5					8	8	
	1	8	9		5	3	3	7	
				5			2		7
	4	1							
		3		7	3		7		6
		1				3			

64

9							7		7
	3	7			5	5			5
3	1		2	3	5			7	
								5	
			8			2		4	4
		7			3		6		
	4		8					6	3
	6			7	2	3	6	6	
6		1		1				5	5
	3	7		7					

65

8		7		7				
	8		2		5		5	
8				4		5		6
			8		9			6	6
		8		4				4	6
	6						1		4
4	6		2	8	4	9		
4							8		4
			4		5	5		4	4
5		6		5		5	8		2

66

		2				3		6	
	3	8	4	7	7		6		5
2	8		1	3		6		6	5
						1		3	
4							9		
	6		3		7			9	
		6		4		4			3
6			4		1		9	6	3
		2		3	4	4			
			7				9		

67

8		3		3					6
	8	1					3		
8	2		3			3		3	
		1		4		1	7		
	7		7			9			
			4	6	9		1	5	2
					6		5		
6		7	3	6	6	9		6	5
		7							
2	2				7		6		6

68

9			3		2			7	
2	9		9	3					6
	9	9				3		3	
		9			6				6
5				6		3			
	7				1		6		4
7		2		1		8		7	
3	6	4			8		3		
	6		4	1		8	1	7	
			8		8		7		

6	6		6	4				1	
		4	6		4			9	
	4	9	9				3		
		6		9				1	
	5	6			4		7	7	
		5		5		6	8		8
	3		6		6			8	
7						2	3		
		2	5		6	5			
	7		6			5		1	

70

		6	5				7	7	
	6			4			3	3	3
				5					9
1	3		5		4			2	
				9		9	3		5
8		3			9				
6		6				2	3	6	6
	3		1	6	3		6		
5		5		1	7		2	3	
		1					2		

71

	9	2		5			5		
		9	8	8	5			4	
3						3		5	
1			1			8	6		
		9	3					4	
					2				
7			5		7	7		4	4
	5	5		2				6	
7	4				3		4		
	7	7		3		5		4	6

72

	4			6			3		6
		4	6		7		7	3	
	3		6	6	1	7			
				4		5		6	
			3		3	5	5		6
				4				9	
			4		8	9			
6		2		8		8	9	9	2
	7	3					3		2
2	1		6		6	4			

73

	4	4				3		4	
	4	5	5		2		5		3
	5			6		5			
3		4			8	1	9		
	4		4		2				1
2		8		8		3		9	
5					3		4	9	
		4	2	3				5	
5	5	3		5			3		
	1		5				5	5	

	6						1		
7		2	1			5		2	5
		2		7		3		4	
	7		7	5			8	4	
		5			8				6
4				5	8		6		
		4	6	5	9				
							9		1
	4	4	5	5	9			9	2
				5			6		

75

	7					8	7		5
		7	8			1		5	5
7	7		4	3				5	5
		3			1				
		5	3		7		6		
5	5					9			6
	6		9		9		4	2	
		5		9		4			
3	5	5	2		2	3		3	
	5		4			6	6	6	

76

		6		4		3		1	
			6		3		2		
		6	6			4		7	
	4			8			7	7	
5		3			3	2		8	
	3	3			1		8		
				8		8	3	3	
	7			2	9				
		1	3	1	9	5		3	
5							9		9

		9		5					6
	6		9			9			5
6		3			9				
	6		1		3	1			6
		8		5	3				
	3					3		3	
3			5	5	5		8	8	
	6	3	3			8			
	6		7	2			8	5	6
6			7		7	2	5		

78

6		6	4		4		4	4	
	6		6						
3			3		6	6	1	4	5
	2	7						5	
	3		3	4				8	
					9		3	7	1
4		1		9	9	9			3
	2			9		9	1		
		4		2	9		7		
	3	4				4			

79

	3	1		4	9		3		
			8	4				2	
4	2						3		
	6		7	4	9			2	6
6		4				6			
	6		4			4			
6		7		7			3	5	5
4		4	7			7		5	
			6		1		4		5

8o

		8		8	8		4	6	
3	6		3						
		4		8					4
			3		3		1		
		2	9	8				6	
		1	9		3		3		6
9				5	5	7	7	4	
9	9	6	5		5		3		
2	6			3		7		4	3
			6	3	2	7		4	

81

			7			7		2	
	4	8		3			6	
1								
	8	3		7	3	3	8	6
		3	5				8		9
5			5	7				8	
	4	2			6	7	2	
			5	6			6		7
5		2	5		6		7	
	4		4			7	7	

		8		7				6	
		6		7		4	6	7	
8		6					3		
	1		6			5	7	7	
8		5		3		2		8	
		5				6			
	1	5	3	2					
								6	
	1		2	7	7	3		1	
	9		9					7	

83

	6								
9		3		3	8	8	1		7
				1		3	4	4	7
9	2	3		5	7			4	
			5	7		7			
		9	8			7		7	
1						7	3	5	
	2	2			6		2		
		5		5		6	2		
	6		6		6			3	5

84

5	2	2					7	8	
			7		7	1	8		1
5	5				5	4		3	
	4				5		8		2
	4	6		3					
	6		9		5	5	4		
6		9							6
	3			9	6	6			
6		2	2	4		4	5	5	
							5		4

85

				3				2	
						9	7		
2	2			4				4	
6		3	4				7	1	4
	4		4	3			8		8
						8			
3			3	4	3		4		1
	3			4		4	3		
		5	5					6	2
		4		3	6		3		

86

	4	6	6		9				
	6		6	3				2	2
		6	8		8	9			5
			8		4		3	5	
		3							5
			8	1		4	1	3	
4	2	3	1		3				
	3			7	7	7	4	6	5
4			2	4		7	6	6	
	4							5	

87

	4					6		6
4			4	7		6	6	4
5				2		7		7
		3	1	4			7	
	4		7		8	4	5	
4	4						4		3
						4	5	
		7		4	9			4
	7	2							9
	6				2	1		

88

			4		8		5		
		5			6				
5				3				8	
3					2		9		8
	5	3					5	3	
5						1		5	
			1				9		6
5		2	7						
	3			4		6		6	1
1	2		8						3

89

8				4			3		5
			8	8	1	3			3
8		3	8			6	6		
		6	3		3		6	4	
	6				4	3			
			4	9			3		7
3		9				9		7	
4	4	2		1		4	6		
	4		3	4	4	6		2	
		5						7	

		6			6				4
			1			6		7	7
	4			2					
8	1		7	3	4	7		2	
			7		3			1	
		9	9	9		9			
6	7			9	4		5	6	
		1					5		5
	4		2		6		4	3	3
	4					6			

91

			2		2		7	7	
9	4		9	5				7	7
		9			5		6		7
			9		9	6			
		3	7	6				1	5
	4		7			6		5	
7		1		2	2		8	1	5
	3				7	8		4	
		7	8	7					
8				8		8	3	4	4

92

		5			6		3		4
6			5	5		6			5
	7	7			3	6	8		
2					6				
	6	1	6			8	8		7
3			6		5	8		7	
	2			9	5			2	
7	7		7		9		4		
7		3			9		4		
7	7		3						1

93

	6		6	7					9
	2					4		2	
6					4		4	2	
		6		6					
6			3	6			5	5	7
			4		5	5		1	7
4		3		2			8		
			6	8	8		4		4
		1				6		6	
			8	3		3	6		6

94

				7			1		
	8	7		5			3	7	
8	8		8		4				8
		1		4		2	2	8	
				6	9				
8		6	1			9	8	9	8
			7		7				
7		3	7		7		9		
	7		3	7		2		3	6
2		3			4		6	6	

95

6		5		4	6	4		2	
	5		5			4		2	
		8	5					7	
1			8	1		9	7		
4	2			9			9	9	
			8			3	6		1
5	5	5	8	4				6	
5		1			6				2
			3					5	
7						4			4

96

8		9				3			
	9		9		4	4	5		3
		1				9		5	
			3		4			2	8
7	7			4		1			6
	7	4	5			2		2	
	7		7					2	5
7		6			7	1		5	
	6		6	3				5	5

97

2		6					9		8
	7		6	6	9	9		1	
2					9			3	
	5	5	4				3		
6		5			1			2	
	3		5	8		3	4	8	
					8	8	4		
	5	1				5		5	
				3		6			
			5		6		5	6	

98

						6		6	
		2	6				5	6	
7		7	2		3				6
	7		8		6			9	
		8		8		6			9
6				1	9		9	1	
	8		3	7		6	5		3
			7			6			
6	5	3	2		7		6		5
					6				4

99

6	3		8	3		7	7	4	
6		6			7	7			6
			8	8		2	7		
					8		6		
2		5	7	3			6		5
				3		4		5	
5	3			7	2	4	7		3
	7			1				3	
	3		9		4			7	
	1	9		9					

	4		3	7	7				
5					7	2		6	6
5		3		2			6		
	3				4	5		3	
		6	8	2				5	
6	6		8		8	1			5
	6	6		9			8	7	
4	4			9		8	4		
	9			3	3	3			
3		9		9					

101

2			6		5			
	7			3	5			6	3
1		7	7	3			2	3	
				8	8				
7			8						7
		8		3		5		5	
		8			9	1	5		4
	6			4		3		3	
	3	4	9				5		5
		5				2			

102

4			8			8			5
	6	6			8			4	
2			6			1		7	5
	6		3		8				5
7		7	6			1			
5	7	6		6	1		6	2	2
			6			5			3
		9			3	5		5	
	4	4					6		5
4	4		2		3			5	

103

	4		4						
			4	2			7		
3	5		3	8	8	3		7	
	9		3		8	2	2	3	
3			9				4		
	9			6		1	7		
2		9	6					3	5
	7	5					7	5	
								5	
		1		6		4		6	

			1		5	6			
	3	3		7		5	2		3
	6				5	8			
	6	5					8		
3	3					6		5	
	1	8	5	5		8			
2				7	7		7		
			1		7	1		6	
4	4			2			5		
		9				9			

4					5		2		
	4			5		3	8		
3		1			6	4		2	3
				6				2	
7	3	3		3				8	8
	3		2				4		
		9						1	
	3	9		9		5			6
4			5	9			3	6	
	3			3				5	

	7	7		4	4	6			6
	7		4	4	8	2			3
	5		1	5				6	
9					2	8			
		9	5				3		4
9									
9		5	9		7		2		
1		5						5	
			5		1	7			3
	6			5				6	3

107

	3		4			9			5
		5	3			9		3	
	3		6		9		3		
3					6			3	
	7		6						9
			7		2				3
2	3		7	3		8		8	
		7				3			
	6	3	1		6		2	2	
		3			1		4		8

108

3				4			3	3	
	4		3	6	6	2		3	
6		4						7	
	9	4	2			6	4	7	6
			3	8					
	9			2	8		6	6	
9		1			8			6	
4				8			3	3	
			9		8			3	4
6						6			

	7		3	3	9	9	6	6	6
3			3		9			6	6
	3			8	9		1		3
1					9		9		
2	2		7			9			
	4	4		6			4		5
			7		6		8	5	2
				1				8	
4	6					8			8
		3		3		3	2		8

	3	4	4				2	4	
	4			8		9		4	4
1		8		6				3	
	1		6					6	6
		3	3	1		9			7
	2		4		9				
	1	7	7	4	9	3		6	
5				7	3				7
		1	6	2					7
			6		4	6			

111

			3		7			7	
		6		4		7		2	6
	5		2	7			4	6	
6		7			4				
		7	7		6		4	4	
	3		7		8			8	
	3	3		9			4		1
		6				3			8
	5		4			3		2	
		5	5	4		9	4		

		8			4		4		3
	3			1			4	3	
2		2		5	5		1	9	
	7		8	6		4		4	
		7				5			9
7					6	5		5	
		6			4		5		
1	5		5	4	8	8	3		9
7		2	2	1					
					7		3		3

				1	6		1	7	
	2		6		6	6			7
	6	6				9			7
7			4		9				3
	7	2	2		5			1	
	7			8			5		4
4		4				2		6	
	6		3		7		7		6
6			6				7	3	
	3				7				

114

		8							
	9	4			1		7		4
	1			3	5			4	4
9		9		3		4	5	5	
	9			3	4	4		3	
6		7		2	8		8	7	7
		7			8	8	8		
	3	7				8			
3			2	7		1		6	6
		5		4		6			

7			9				6		
		5		2		5	6	3	3
				2		5		6	
7	7	5							7
		5				3		7	
5	5	8	8	8	5		4	1	
5		5		8		4	2		4
	4				1	4		7	
		8		1		1	7		7
4	3		2		4			7	

	4	4		4	1			6	
2			3		7	7	1		
		7			7	2		4	
			3	7		4			3
			4		3	6	6		
6		8		9				5	5
		1	9		2				
6								3	
		3		4			3		3
3				4		9		4	

117

	6	6							9
		4			6		4	4	
		5	3						2
		3	8					9	
	2	8	8		1	8			5
4	7		4			8			5
				4	3			5	6
	4		2	3		4		6	
	6		2		4		5		
		6				3		5	

118

8		4	7			6			6
8				4			6		4
	8			2		7	6		
		1		1		7			1
	8		7				2	4	
		4	3		4				
	4					4		5	5
	9	6		3			3		
		9	1	7				4	4
		7							

		3						7	
	2	3	3		7	3		3	
				8			4		
	6	1			5	5		6	
		5	2	1		5	6		4
5			1		3		6	6	
5						9			7
	6	4	3	9		4			7
							7	1	
	2					7			

120

6				2	2	9	7		
	6			5		9		7	
		6	1				4		
3	4					3			4
	4	9		2			3		6
2	7				7				
7		3		8			6		
1			8	8		6		4	
	5		4				7		
5		5		8		8			

6		5		5					
		1			7			6	
6				5	5			9	
	7			5	5	6	5		9
5			1	5				3	2
	5			6	6	4			
						4		4	
5	2			7			7		
6				8			6	6	6
				2					

122

	1	5		4		3			
			5	4	3		7		4
6		1	5		6		3	6	
				6			3		
4				6			3	6	
1	3		2	4		9			
	6	6			9		6	9	
	4		1	9					
4		7	7			2	4		
	2					7			5

123

	9	9			4	7	7	8	
		9		3	3				
	1		2	3				7	8
	8				5		2	5	
	3		2		4	4			8
	3				4		5		
			8		3				6
	6		3		7	6			
6	3	7	7	7		5			
3			7	7	3			5	

124

	5			9	9	9		3	
3				9		4			5
					9		4	5	
	3			3	8	4	8		2
3		5	8						
		7	7				8	7	7
6		7	7	3		4			7
		7		4			7		7
3	7	5		5	6	2	7		
		5	5	6			6		3

8				8		6	4		3
			4		1		1		
	2				6				
8	2	4	2		4		1		
		3		5		9			8
	3	1	7	5			4	8	
	4		7		9				8
2		7		4		9		8	
3	3	6	6				4		3
3				6	4				4

126

2		8		4			5	1	
	8				5	5			2
5		8			5		6	6	
	1								4
	8		4		3				5
	4			9		6		4	
3						4		6	
5		9		7		7	7		
	5	4							
		6		6					

	6	6				7		5	3
3	3			2					
			6			7			4
5		3		6			9	9	
4	4			6			9		
		4			8		1	9	
7							6		
3		7		8	4		4	7	9
	7			1		2	7		
2		7				7			1

128

			4		5				
3		3	7	7		5		3	
	5	4			3		8	8	4
				7		8	7		7
2							8		
	7	4		1		4			2
1		3	9			4	3		2
						9		7	
	7						6	3	
2		3		9	9	6			

129

	4		5		5			3	
						3		2	
8	7		7						
	6			3	4		7		
		6	4	4		1			9
		1	2				4	3	
3						3			9
	3		4	3	2		1		
4		7				7			
	4	7		7			1		

					5			4	
		6			9	1		1	
3		9		9			4		4
	3		9	8		7			7
2		9			8		3		
		6							7
	7		5		5		2	3	
	4	7	2		8	8			3
5		4			7		7		
							7		5

	4			6		6	4		
			3						
4			7	4		8			3
	5			9	9		4		
4	7		9	9		9			1
	4	7	6		9	9			
4				1			6		
2	2				3			4	2
	3	5		3		2			
		5			3		3		

				7	3		3	9	
7	7		1	8					4
					8		5		
5		1		8		1		9	
		7		7		8	2		9
		7	2		5			9	9
	5	5			5		4		
6	5					7		4	
3		6		5	1		6	6	
			6	6		2			

133

	5							2
3		3			9	6		
		9			9	9	7	
			9	9		4		
	2			3	5		7	3
	5		3	3				2
6		2	1					6
	4	4		6	6		5	5
	1		4		1	4	5	
	8			8	8			5

134

	3		3		5		7		
	4		2			8		7	
	9		3				5		5
	4		3	9				5	
	4				9	8	8		6
7			8		9		8		6
						4	4		
		8		2		3			4
	3					1	2		5
4		3			8				

6			7	7		8		8	8
	6	7	7		8		2		4
6	6		4	3				4	
3		4		3	3	8			4
								2	2
		5	5			9			7
	3				1		9	9	7
	6	8		6				7	
		7		7			5		
	2	2	1			5		5	7

2		5				4		4	
2	3			6	6	4	7	4	
		5			1				8
	7				7			8	
7	2	9	3				5		
				6				1	
5	5				3	3		8	
5	5		5	4		7		5	
2					5	5		5	
		9				1		5	

137

7					3		6	
			4	3		9	6	
		3	5			9		6
3		7		3		9	2	
		7	5		5	2	3	3
3	8		1	6	2	8		3
8			5				4	8
	5		6		4			
	8	5				8	6	
8				3				

138

		2			6			6	
		2		4		8			5
	5		6		6		8	9	
6				2		8	4		5
		1		8					
	5	6				5			2
7			6		5		1		
	6			6		7	7		
6		6			6		6	7	
	6			5	6	2			

139

				3		6			
	6		3		6	6	3		4
6	5	5		2		3			
3					8		2		5
				8		3	9	9	9
		4	8				3		
	3	1		2		6			
6	2		8	8		3	6		
		3		3	5			6	9
			5		5		4	9	

140

3									4
			5	5				3	
					2	6		3	3
3	6		4				9	1	7
		6	4			6		3	
		3		4	4		3		
	2	1				8		7	5
		3	6		3	8	1		
							3	3	
3		3	6			2		5	

141

3					7			5	
	8	8	8	5	5			5	
2		8		5			1		
8			3	5		4			
9		2	5		7	7	1	3	
	5			7		8		8	8
		1			3		8		5
			5	5			1	8	
	2			5	5		4	4	
	9		6				4		

142

		9			5				7
		9		4		5			
1		9	1			5	6		
	9	8		8			8	2	
3	1		3						7
		8	8				8		8
		8				7		7	
	4		3		7		7		7
	3	2		6	4		5	5	7
				4		5			

143

					4	2		1	
	7		9					8	
7	4	4		7					8
			4	5		8		8	
	6						6		4
		6		8		7	6	6	
6	6					2		6	
	6	5		8				3	
3	5		1	4		8		8	2
		5		8	8		8	8	

144

		5					4		6
			2		4				
	4						6		4
7	9		1	8		2		8	4
9		3		9				4	
4			9		4				
	4		3	4		3			3
					7	7			
	5	3			7				7
				1	3	3		1	

							7	7	
7		4					5		
	7		7				5	7	
		7	7		2	9	3	1	6
5	6		3	3	2			3	
			2		1	7			6
		4		7	4			2	
	6			1					5
6	1	7		3		7			
		3			3	2			5

146

			2	9			6		
4		9			3		3		5
	9	9		4					5
9		9	8	8			4	3	
	3				1	3			
			5			2			
	3	2		8	5				5
		2	7			4			
	7				5	4			
7		7	7	6	6			4	

147

4		3		7	6				6
	6							4	
		3		3					
	6		3		1	5		4	6
5				2			4		
			3		1	2		6	8
	3	9	5	5			6		
	1	9			9	1			
		9							
	6			9		3	2		

148

7		3		7				7	8
	7		4		4			8	
		7				7	3		
	1	2				7			8
8			5				2		
8	3			5		8	9		8
	3		2		8	1		3	8
	3	7				5			9
			5	7				9	
8	8				7	4			9

149

	5			9	9			9	
5		1	3						4
8			2	4			7		6
		3			9	7			
		1	2			3	7		
					5			3	
	7		7		4			2	
	7	7		7		6	7		3
3		4	4	6				3	
					5	5			

150

1	7			3	7	7		
						4		
5	5	7			4			2
	3			3				4
	6	8		8	1			
6					8		4	
	3			8		3	2	8
6		1					3	
	4		3	5		1		9
	2	1		9	9			9

7						7	1		4
8				5	4				
8								3	
		6	2			2			3
4		8		2		2			
							4		9
	8	3		6		6		1	
			4	4					
7		1			3	6		6	
		7				4	6		3

152

	6	3		8		8			2
4					8	8		4	
	1			1		3	3	4	
			6	8	2	4		2	
7			1					2	
	4		4						8
7	1	4		3			4		9
	6			3				9	
6		5	4		4	7	7		9
	5							7	

5		6		2			2	7	
	6		4		9				
			9		3	1			
	5		4	1		1			3
		4	9			9			
	5			5	9		5		3
		5		8		8	5		4
			8		8			3	
7		3	8			6	4	4	4
	2	3			5				

154

7		1		6		6	1		
					6		6	9	
	1	3		2	3	3	2		
7	8		7	7		8	4	4	
					1		4		
			7					8	
	8	8	7	6		2	2		
	5		6		5	5	6		4
3		3	3					6	
		3		6		5		6	

					2		2		
4	4			5		7	4		
					4		7	7	
			3	3		9			
		6			9		9	3	4
	4	4		5		2		3	
	4		6		3	8			9
		7		1			3		
5		5					1		1
					6	8			

156

	6		4		8		3		3
6		4		8		3		8	
			3		8				3
6		5	3		9		2		
						3		5	
			5	5			3	3	
		5		7				4	8
				1					
5	5	2	7			1		5	
5		2		5			2		

3	3		1					7	
		8		7			7	8	3
	6			4		3		8	
3				2			1		
	3	8			4	8			8
4			8	4		4		4	
	4	3		2	2				9
5		5				7			9
	6	6		7		1			
			6		4			2	9

158

			7			9	5		
4	4	7		9				5	
7			5	1					4
	3					4	9	4	
		3		4		8	8		8
6						7			3
	3	4						8	
7		7			3		1	2	2
	7			1	7		6		
1	2		6		6		6		4

159

		1							
		5			1	7		7	
			5			7	5		6
3	6	5		4	3			5	
		9			4		8		
5	9			2	8			3	
				3			2		
4	4	9	3		1		8	6	
	4					3		6	3
1		9	6		3			6	

160

	4		6		6		5		
7		6		6		3			
7	2	2		4	5		5		
	1			2					
7		7		2	4	2		7	3
	7		9		6				
		9	9		6	3		2	2
	6				8		8		3
4		4		9				4	
	6	6	8						4

161

				7		7	4		
8		6	6		6		4	1	
1			3						2
		7			5				
	4				9				
5	5	7		2					
								5	
5			1		5	9	9	3	
6		7			6		4		
	6		2	4					4

162

5		4		1	9		4	
						4	3	
6	5				9	3	3	
	5	9	9		4			6
		9		1	7		7	
3			8		2		7	2
					3	3		3
4			8		6			5
	7	7		7		5		
7		7			2	4		5

163

6		6		3			4		6
			4			3			
2	6				3		6	6	
2		7	7		6	2	3	9	
	7	3						3	9
7		7		6	8	1			
	2	8	8					5	9
	2			8		4	5	5	
	5			1	8		4	5	
6					3	6			

164

			2					3	9
4			6	7	1				
6	6		6			4	7	9	
	7		3	6				9	
2		7			5			5	
				6		5		1	
	7		7				7		7
5		4				7		2	3
5		8							
	1		8	6		6			4

165

4		6				8			
	4		4	1	8	8		4	
4			2			2		4	6
	3		8	8				3	3
9		9		4	1	5			
					4		5		2
	3	9			4			5	
7		9	9	3		6	6		
								7	7
3				2		5	7	7	

166

			9			9		6	
3		3	9	3	3		5		
5	5	9						4	
			1		1	5	5		
5	2			4			8	3	
6		4				5			
			8	7	2			6	
	4	5				5			
	5		5				6		
		3		7	1	5			5

	5		6				3	7	
5				6		6		7	7
	5		5		3		7		1
		2			1				
	6	7		1			6		4
4				8		8	1	3	
	3	3	7				3		3
4	3	5				8		2	
			4	1		9	9		
						9			

168

		8	8			3		2	3
		8		8		8			
	5	6			8	4			8
	1			6	7	4	4	8	
				2		9			8
4					7				
	8	1		7	4			9	
4	7		4	1		6	4		9
4						6		4	
				7		6	2	2	

169

	5		5		6		6	8	2
3		9	9	5		6			
	1				6				3
		9		8				4	
	9			6			4		5
	9	9	4						7
6		3		6				2	
	3		5		6				
4	4	8		8	1			2	
4			8		8		3	2	

					8	9			
	7	7		4		3			
	7		4		4	7	3		
3		7		3					5
7		6	2	6	6	6	7	5	
	6				6			5	
2		6		6		7	7	4	
	8			8		3			3
		8			5	5	2	4	
8		6			5			1	

					7		6		
6		7	6		1	3	6		
	6	1		6	6		8	8	8
		6	1				8	8	
	4				6			8	
6						1	4		
	5	6	4	9		9		4	3
5			2				5		5
3	3	6		9	9	9	5		
				6				6	

172

5					3				
	5	5				6			
			3	6	4		4		
9			1					6	2
4	9		8			1			7
	3				8		7		3
		2		7	8				
				4		1		1	4
7		3			4				4
5			5		8	8		4	

173

6		4						5	
		3	9	4		9		5	3
	3					2			3
		2		4			4	5	6
2		1	8	4		4	6		
					3		6		
4		4	8		7	7		7	4
	3	1		5	5			3	
	5			5					
		5	3			3			

174

	8	8				3			
			8	1	3	3	2		5
5				4			2		6
1		8	3		4		9		6
	5				6				4
		5		3					
	7		7		1			9	
3		5	7	3	9		4	6	
	1			4				4	6
			5						

175

2	2			1	3				
	5			7		3	6	6	6
	4		7	2			3		9
	4	6	4				3	3	
						5	5		9
		4			6	9			
		5					8	8	
	6		4		8	5	8		4
		3	1	8	1		3		
		6						4	

176

			2	2		2			4
	6							8	
		4	7			1		5	
				5		5			8
6		5	4	2	3			4	
		4				4			8
		8	9		9		9	3	
	8			5		4		7	8
6	6	6		9	5		7		
							7		

5		4			6		6		
		4			7				4
				1			3	6	
	7	3	3	5					
3		3			3		5	3	
	8			4			4		
			3			2		3	
	4	9	3		9	2	3		5
4								2	
	3	9			2	3		3	

178

5	2				9	7	7	7
	5			4			7	7
5		7		4	9	1	7	
	8			7		4	3	
		9			9		4	
	8	6		3				
	3			6			1	5
6		2	6	6	2	7	7	
	6		4		2		3	2
				4		5		

179

	7				8			
7		7	3		2			6
	4	7			1	2	6	
3		3			3			
	3	5		6		1	3	6
			2					
3			8				9	
		4		3				9
3		4	4		3	1	9	
	6					7	9	9

180

1

6	6	1	4	4	9	3	3	3	6
6	6	9	4	4	9	6	6	6	6
6	9	9	9	9	9	9	5	4	6
6	3	3	3	4	4	4	5	4	4
5	2	2	1	8	4	8	5	5	4
5	5	5	8	8	8	8	8	5	1
5	6	2	1	7	3	6	8	1	7
6	6	2	7	7	3	6	7	7	7
3	6	6	6	7	3	6	7	2	7
3	3	7	7	7	6	6	6	2	7

2

5	5	5	5	3	3	3	2	5	5
5	4	1	4	4	4	7	2	5	5
4	4	8	4	2	2	7	4	4	5
7	4	8	8	4	4	7	7	4	4
7	7	8	4	4	3	7	7	3	3
7	1	8	8	1	3	3	7	4	3
7	3	8	8	9	9	9	9	4	4
7	3	3	4	4	9	4	9	9	4
7	6	4	4	3	3	4	4	9	9
6	6	6	6	6	3	4	2	2	1

3

3	5	5	5	6	6	6	6	6	3
3	3	5	5	4	4	4	4	6	3
6	6	6	6	9	9	9	9	9	3
6	5	5	6	2	2	9	1	2	2
5	5	5	3	3	3	9	9	9	1
8	8	8	6	6	6	6	6	5	5
8	2	8	4	4	4	5	6	5	5
1	2	8	8	8	4	5	1	5	7
5	5	5	5	6	6	5	7	7	7
5	6	6	6	6	5	5	7	7	7

4

5	5	5	5	1	8	6	6	6	6
5	9	2	2	8	8	6	7	1	6
9	9	8	8	8	8	4	7	7	7
9	9	9	4	8	4	4	7	7	7
9	9	4	4	2	2	4	2	2	6
8	9	6	4	5	5	5	5	5	6
8	6	6	7	7	7	3	3	3	6
8	6	6	6	7	7	6	4	4	6
8	3	3	3	7	6	6	6	4	6
8	8	8	8	7	1	6	6	4	6

5

6	7	7	4	4	4	4	9	2	2
6	7	7	7	9	9	9	9	8	4
6	6	7	7	9	2	8	8	8	4
6	6	4	3	9	2	5	8	8	4
4	4	4	3	9	5	5	5	8	4
6	6	6	3	9	5	2	2	8	6
4	6	6	6	3	3	1	6	6	6
4	4	7	7	3	8	8	6	7	6
4	1	7	7	8	8	8	7	7	7
1	7	7	7	8	8	8	7	7	7

6

4	3	4	4	9	4	4	4	4	6
4	3	4	9	9	9	9	9	6	6
4	3	4	3	9	4	4	4	6	6
4	7	3	3	9	8	4	8	3	6
7	7	7	7	9	8	8	8	3	3
6	4	7	1	3	3	3	8	8	8
6	4	7	5	2	2	4	4	1	4
6	4	4	5	5	1	4	4	3	4
6	3	3	5	4	2	2	3	3	4
6	6	3	5	4	4	4	2	2	4

4	4	4	2	7	7	7	7	7	7
4	3	1	2	4	4	7	3	3	1
3	3	8	1	3	4	4	2	3	4
2	8	8	8	3	3	1	2	4	4
2	4	8	8	8	8	3	3	3	4
4	4	4	9	9	7	7	7	6	6
9	9	9	9	9	7	7	5	6	6
9	6	9	3	4	7	7	5	6	6
1	6	6	3	4	4	3	5	5	3
6	6	6	3	4	3	3	5	3	3

7

2	7	7	7	7	8	8	6	6	6
2	7	6	7	7	3	8	1	6	6
6	1	6	4	4	3	8	8	8	6
6	6	6	4	4	3	8	6	2	2
3	3	3	6	6	6	8	6	6	6
9	9	9	6	6	6	3	6	6	7
9	9	9	9	1	3	3	7	7	7
9	9	3	3	3	1	4	4	7	7
5	2	2	4	4	4	6	4	4	7
5	5	5	5	4	6	6	6	6	6

8

9

7	7	7	1	6	6	6	6	6	6
1	7	7	7	8	8	8	8	8	3
7	2	3	7	8	4	6	6	8	3
7	2	3	4	8	4	4	6	6	3
7	7	3	4	9	4	6	6	5	5
7	7	1	4	9	9	5	5	5	3
7	2	6	4	9	9	9	7	3	3
1	2	6	6	9	9	6	7	7	2
3	3	6	3	3	9	6	6	7	2
3	6	6	3	6	6	6	7	7	7

10

4	4	1	3	5	5	5	3	3	3
6	4	4	3	5	6	5	7	7	7
6	6	1	3	7	6	6	6	7	7
4	6	6	6	7	5	5	6	2	7
4	4	7	7	7	7	5	6	2	7
4	6	1	2	1	7	5	7	4	4
6	6	6	2	4	4	5	7	7	4
5	6	6	4	4	7	7	7	3	4
5	5	5	6	6	7	2	2	3	3
5	6	6	6	6	5	5	5	5	5

11

1	7	7	7	7	7	7	6	8	8
2	2	6	6	3	3	7	6	6	8
4	4	4	6	3	9	9	6	6	8
7	2	4	6	9	9	9	6	8	8
7	2	6	6	9	1	9	1	8	8
7	7	5	5	3	5	9	9	7	1
6	7	7	5	3	5	3	3	7	3
6	6	7	5	3	5	5	3	7	3
6	8	8	5	8	5	2	2	7	3
6	6	8	8	8	8	8	7	7	7

12

6	6	6	2	2	7	7	3	3	2
6	5	6	6	1	7	7	7	3	2
3	5	5	5	2	5	1	7	7	1
3	3	4	5	2	5	4	4	8	8
6	4	4	4	5	5	5	4	8	4
6	9	9	7	7	7	7	4	8	4
6	9	9	4	4	4	7	8	8	4
6	9	9	6	4	7	7	8	6	4
6	9	6	6	6	6	4	8	6	6
6	9	9	6	4	4	4	6	6	6

13

3	3	9	9	9	9	9	7	7	7
2	3	9	9	4	1	6	6	6	7
2	9	9	4	4	6	6	7	7	7
8	8	3	3	4	6	5	5	5	5
8	1	3	6	6	4	4	4	5	4
8	8	6	6	3	4	2	2	4	4
8	6	6	5	3	3	1	7	4	7
8	5	5	5	5	2	2	7	7	7
8	1	6	3	3	3	5	7	7	2
6	6	6	6	6	5	5	5	5	2

14

4	8	8	8	7	7	7	7	7	7
4	4	9	8	8	8	8	8	1	7
4	9	9	3	1	3	3	3	2	2
5	5	9	3	3	5	5	5	3	3
5	5	9	9	9	8	8	5	3	1
5	9	9	5	5	8	8	5	2	2
2	2	4	5	5	5	8	8	8	6
4	4	4	6	6	6	6	8	6	6
5	5	5	5	6	4	4	6	6	3
3	3	3	5	6	4	4	6	3	3

6	6	6	6	2	2	4	4	4	7
6	6	4	1	8	8	6	4	7	7
4	4	4	8	8	5	6	2	2	7
9	9	8	8	5	5	6	5	7	7
9	4	8	8	5	5	6	5	5	7
9	4	4	4	1	6	6	5	5	8
9	9	9	9	9	8	8	8	8	8
6	6	6	1	3	6	6	5	8	8
6	4	4	4	3	3	6	5	5	5
6	6	4	2	2	1	6	6	6	5

15

7	7	7	5	5	5	3	5	5	2
7	7	7	5	5	4	3	3	5	2
2	2	7	8	8	4	9	1	5	9
4	3	3	8	2	4	9	9	5	9
4	3	5	8	2	4	1	9	9	9
4	4	5	8	8	8	8	1	3	9
1	5	5	4	4	6	6	3	3	1
6	5	4	4	5	6	3	6	6	6
6	6	6	5	5	6	3	6	3	6
6	6	5	5	6	6	3	6	3	3

16

17

9	9	9	9	2	2	5	5	6	5
9	9	9	9	9	7	5	6	6	5
4	4	4	4	7	7	5	5	6	5
3	3	3	7	7	2	2	6	6	5
8	8	8	8	7	5	4	4	4	5
8	3	3	8	7	5	5	4	8	8
8	2	3	8	1	8	5	5	8	1
7	2	7	3	6	8	8	8	8	5
7	7	7	3	6	6	6	6	5	5
7	7	1	3	6	3	3	3	5	5

18

3	3	6	6	4	6	6	4	4	4
3	6	6	4	4	4	6	6	8	4
6	6	3	3	3	6	6	4	8	8
2	7	7	7	5	3	3	4	8	3
2	7	7	5	5	2	3	4	8	3
7	7	5	5	4	2	1	4	8	3
9	2	4	4	4	3	3	3	8	8
9	2	9	9	2	2	1	5	5	3
9	9	9	9	3	3	3	5	5	3
9	6	6	6	6	6	6	5	1	3

6	6	6	6	5	5	5	5	5	3
5	6	6	7	7	3	3	9	3	3
5	5	3	7	7	3	1	9	9	9
5	5	3	3	7	8	8	9	3	3
6	6	6	7	7	8	2	9	3	1
2	2	6	6	6	8	2	9	9	9
5	3	3	3	8	8	4	4	2	2
5	4	4	2	8	4	4	7	7	7
5	4	4	2	8	2	1	7	3	3
5	5	3	3	3	2	7	7	7	3

19

3	3	6	6	6	9	2	4	4	4
2	3	6	6	6	9	2	3	3	4
2	1	3	3	3	9	6	6	3	6
1	2	9	9	9	9	4	6	6	6
4	2	3	3	9	2	4	4	4	7
4	4	1	3	9	2	5	1	7	7
4	1	2	2	1	8	5	5	7	7
5	3	6	6	6	8	5	1	7	4
5	3	3	6	6	8	5	8	7	4
5	5	5	6	8	8	8	8	4	4

20

2	2	4	4	4	4	6	6	6	6
7	7	7	7	7	7	1	6	6	3
3	1	7	6	6	9	9	9	3	3
3	3	8	6	6	6	9	2	2	5
7	7	8	8	6	9	9	9	5	5
7	4	4	8	8	3	3	9	5	5
7	5	4	4	8	8	3	9	2	2
7	5	5	5	5	8	4	3	3	5
7	7	6	3	3	3	4	4	3	5
1	6	6	6	6	6	4	5	5	5

21

3	5	5	5	6	6	8	8	8	8
3	5	5	8	6	6	8	4	4	8
3	1	8	8	8	6	8	4	4	1
6	4	4	8	8	6	8	2	2	4
6	4	8	8	9	9	9	9	7	4
6	4	9	9	9	9	6	6	7	4
6	6	3	3	9	6	6	6	7	4
3	6	8	3	8	4	4	6	7	7
3	3	8	8	8	4	4	1	5	7
8	8	8	2	2	5	5	5	5	7

22

23

5	5	4	4	7	7	7	7	2	2
5	4	4	6	6	1	7	1	6	6
5	5	3	6	6	6	7	2	6	6
6	3	3	2	6	8	7	2	6	6
6	4	4	2	8	8	8	7	7	4
6	4	4	8	8	8	8	7	4	4
6	6	6	9	9	3	3	7	7	4
9	9	9	9	9	9	3	6	7	1
6	6	9	3	3	4	4	6	7	6
6	6	6	6	3	4	4	6	6	6

24

5	5	6	6	6	2	2	9	9	9
5	5	6	6	3	1	9	9	9	9
5	7	6	3	3	4	2	9	9	6
7	7	7	7	7	4	2	5	6	6
3	5	3	3	7	4	4	5	4	6
3	5	5	3	1	5	5	5	4	6
3	5	5	8	8	1	6	4	4	6
6	6	6	6	8	6	6	6	6	3
7	6	6	7	8	8	8	8	6	3
7	7	7	7	7	8	1	2	2	3

25

5	6	6	4	4	4	9	9	9	7
5	6	6	6	9	4	9	3	3	7
5	5	5	6	9	9	9	3	7	7
3	3	7	7	8	9	3	7	7	7
3	2	2	7	8	2	3	3	1	6
7	7	7	7	8	2	6	6	6	6
1	3	1	8	8	8	8	3	3	6
6	3	3	4	7	7	8	3	1	3
6	6	6	4	2	7	7	7	7	3
6	6	4	4	2	3	3	3	7	3

26

7	2	2	6	1	7	7	9	9	9
7	6	6	6	6	7	4	4	4	9
7	7	2	2	6	7	7	7	4	9
8	7	7	5	5	2	2	7	9	9
8	7	3	3	5	5	7	9	9	6
8	8	8	3	5	7	7	7	7	6
8	8	1	4	4	7	7	5	5	6
8	7	7	4	4	5	5	5	6	6
7	7	7	7	1	8	8	8	6	8
7	4	4	4	4	1	8	8	8	8

6	6	6	8	8	4	4	3	4	2
6	6	6	1	8	4	4	3	4	2
9	9	9	8	8	8	7	3	4	1
9	4	4	8	8	4	7	7	4	7
9	9	4	4	7	4	4	7	7	7
9	9	9	6	7	4	6	6	6	6
4	6	6	6	7	2	2	3	3	6
4	6	2	2	7	7	6	6	3	6
4	6	5	7	7	3	6	6	6	3
4	5	5	5	5	3	3	6	3	3

27

5	5	5	4	4	4	2	8	8	3
5	5	3	4	6	3	2	8	8	3
8	8	3	6	6	3	3	8	8	3
8	8	3	6	6	6	1	8	8	4
8	8	8	9	9	3	3	7	4	4
8	4	7	9	9	3	1	7	7	4
4	4	7	1	9	9	9	9	7	5
4	7	7	2	2	9	2	7	7	5
1	7	5	5	5	6	2	7	5	5
7	7	5	5	6	6	6	6	6	5

28

2	2	1	7	3	4	4	5	5	5
6	6	7	7	3	3	4	4	8	5
6	6	7	7	8	8	8	8	8	5
6	5	7	5	5	8	8	4	4	4
6	5	7	5	5	5	7	1	4	9
5	5	3	2	2	7	7	7	7	9
5	6	3	3	5	7	3	7	1	9
6	6	5	5	5	5	3	3	2	9
6	4	4	4	4	7	7	9	2	9
6	6	7	7	7	7	7	9	9	9

29

3	3	5	5	7	7	7	7	5	5
8	3	4	5	5	5	7	5	5	5
8	4	4	3	2	7	7	3	3	3
8	4	3	3	2	3	9	1	2	2
8	8	8	8	3	3	9	9	4	4
6	5	1	8	1	5	9	9	9	4
6	5	5	7	5	5	9	2	9	4
6	5	5	7	5	5	9	2	5	5
6	3	3	7	7	7	7	5	5	5
6	6	3	7	6	6	6	6	6	6

30

31

7	7	7	7	7	3	4	4	6	6
7	3	3	7	5	3	3	4	6	6
4	3	8	8	5	5	6	4	9	6
4	4	8	5	5	6	6	9	9	6
5	4	8	6	6	6	1	9	9	9
5	5	8	5	5	5	5	9	9	3
5	5	8	5	6	6	1	9	3	3
4	2	8	6	6	7	7	7	7	7
4	2	8	2	6	7	3	2	7	3
4	4	1	2	6	3	3	2	3	3

32

5	5	5	5	5	8	8	5	5	5
9	9	9	9	9	9	8	8	5	5
9	5	5	5	9	9	8	4	4	4
7	7	5	5	2	2	8	4	3	3
6	7	7	7	4	6	8	8	4	3
6	7	2	4	4	6	6	4	4	4
6	7	2	3	4	7	6	6	6	2
6	4	3	3	7	7	7	7	4	2
6	4	6	6	6	2	2	7	4	4
6	4	4	6	6	6	1	7	1	4

33

7	3	3	6	6	6	5	5	6	6
7	2	3	6	6	6	5	6	6	3
7	2	4	4	4	9	5	6	3	3
7	6	8	8	4	9	5	6	9	2
7	6	2	8	8	9	9	9	9	2
7	6	2	8	8	1	9	6	9	4
7	6	3	3	8	4	4	6	4	4
8	6	8	3	8	4	4	6	6	4
8	6	8	2	2	3	1	5	6	6
8	8	8	8	3	3	5	5	5	5

34

7	1	2	6	6	6	6	6	7	7
7	7	2	8	8	8	8	6	7	7
7	7	8	8	3	8	8	7	7	2
7	5	5	3	3	2	1	7	4	2
7	6	5	5	1	2	4	2	4	4
6	6	5	9	9	1	4	2	4	6
6	6	6	9	6	4	4	1	6	6
2	9	9	9	6	3	6	6	6	3
2	9	9	9	6	3	3	5	3	3
3	3	3	6	6	6	5	5	5	5

6	6	6	1	6	6	6	6	7	7
6	6	6	8	1	9	6	3	7	7
8	8	8	8	8	9	6	3	3	7
2	8	6	9	9	9	9	9	9	7
2	8	6	6	2	9	8	3	3	7
6	6	6	4	2	8	8	5	3	1
8	8	4	4	8	8	5	5	5	3
8	2	4	2	2	8	8	5	3	3
8	2	8	1	3	8	2	6	6	6
8	8	8	3	3	1	2	6	6	6

35

5	5	5	5	3	3	3	2	2	9
3	3	3	5	7	2	9	9	9	9
7	7	7	7	7	2	9	3	3	3
3	7	8	8	9	9	9	7	7	7
3	3	8	8	4	4	7	7	7	1
2	2	8	4	4	1	4	4	7	3
8	8	8	1	2	2	4	7	5	3
3	3	5	3	3	3	4	7	5	3
6	3	5	5	5	5	7	7	5	5
6	6	6	6	6	1	7	7	7	5

36

37

9	1	3	3	8	4	4	7	7	1
9	9	4	3	8	8	4	7	3	3
9	4	4	8	8	1	4	7	7	3
9	4	8	8	8	5	5	5	7	7
9	9	2	3	3	2	2	5	5	3
9	9	2	3	5	3	3	2	7	3
4	5	1	5	5	5	3	2	7	3
4	5	4	5	3	6	6	4	7	7
4	5	4	4	3	6	4	4	4	7
4	5	5	4	3	6	6	6	7	7

38

4	4	4	7	7	7	7	4	4	6
8	4	7	7	7	3	1	4	6	6
8	8	8	1	3	3	9	4	1	6
8	8	6	6	6	6	9	9	9	6
8	8	3	6	6	3	9	9	9	6
2	7	3	2	5	3	3	9	7	7
2	7	3	2	5	5	5	9	7	7
3	7	7	7	2	5	7	7	7	6
3	7	6	6	2	3	3	1	6	6
3	7	6	6	6	6	3	6	6	6

39

5	5	5	3	6	3	3	3	4	4
5	5	6	3	6	2	9	9	4	4
6	6	6	3	6	2	4	9	9	9
6	4	4	4	6	4	4	4	9	5
6	5	5	4	6	6	5	9	9	5
7	5	5	2	3	3	5	9	5	5
7	7	5	2	3	7	5	8	8	5
7	7	1	7	7	7	5	8	4	4
7	1	3	3	7	7	5	8	4	4
7	2	2	3	1	7	8	8	8	8

40

5	5	5	5	5	7	7	7	7	7
1	4	4	4	7	7	2	2	5	5
7	4	9	9	9	9	9	8	5	5
7	9	9	9	9	5	8	8	6	5
7	2	2	5	5	5	8	6	6	6
7	5	5	7	5	1	8	1	6	6
7	7	5	7	7	7	8	8	3	3
7	6	5	7	7	2	8	5	5	3
6	6	5	7	3	2	5	5	5	6
6	6	6	3	3	6	6	6	6	6

41

5	5	6	6	5	3	5	3	3	6
5	5	6	5	5	3	5	3	6	6
3	5	6	5	5	3	5	6	6	4
3	3	6	6	3	5	5	4	6	4
2	2	1	7	3	3	4	4	2	4
4	4	4	7	7	7	4	8	2	4
4	3	7	7	7	8	8	8	8	5
3	3	2	2	3	8	3	3	3	5
9	9	9	3	3	8	8	1	5	5
9	9	9	9	9	9	3	3	3	5

42

6	6	8	8	8	8	1	6	5	5
3	6	6	6	8	8	6	6	6	5
3	3	6	3	8	6	6	3	3	5
4	4	3	3	8	9	9	3	6	5
4	8	2	2	5	1	9	6	6	6
4	8	5	5	5	5	9	6	6	3
2	8	8	8	8	9	9	9	3	3
2	4	4	3	8	9	9	3	7	7
4	4	3	3	8	5	3	3	1	7
2	2	5	5	5	5	7	7	7	7

43

9	9	9	9	6	5	5	5	5	5
9	5	9	6	6	6	6	4	4	4
9	5	9	9	6	8	8	4	3	3
6	5	5	5	1	8	2	2	3	6
6	6	6	6	8	8	8	6	6	6
4	3	6	1	5	8	2	4	4	6
4	3	5	5	5	8	2	4	4	6
4	3	5	1	7	7	7	7	2	2
4	6	6	6	7	4	4	6	6	6
6	6	6	7	7	4	4	6	6	6

44

7	7	8	8	8	8	8	7	5	5
7	7	7	1	5	5	8	7	5	5
3	3	7	7	5	8	8	7	4	5
3	1	8	8	5	2	7	7	4	4
5	5	5	8	5	2	7	7	4	7
5	5	2	8	8	4	4	4	7	7
6	6	2	8	8	3	4	7	7	7
6	5	5	8	9	3	9	7	3	3
6	5	5	1	9	3	9	9	3	4
6	6	5	9	9	9	9	4	4	4

45

6	3	5	5	5	1	9	9	9	9
6	3	5	5	2	2	9	9	9	7
6	3	2	2	8	9	9	4	1	7
6	6	3	3	8	8	4	4	7	7
7	6	3	8	8	8	4	6	6	7
7	7	7	7	8	1	3	6	7	7
8	3	1	7	8	3	3	6	6	5
8	3	3	7	3	6	6	4	6	5
8	8	8	3	3	6	6	4	5	5
8	8	8	2	2	6	6	4	4	5

46

7	1	3	3	6	3	6	6	3	3
7	7	7	3	6	3	3	6	6	3
4	4	7	6	6	5	6	6	2	2
4	4	7	7	6	5	5	5	7	7
6	6	8	8	6	3	5	3	3	7
6	6	6	8	8	3	3	5	3	7
4	6	5	8	8	8	5	5	7	7
4	5	5	8	9	3	3	5	7	3
4	4	5	5	9	3	1	5	9	3
2	2	1	9	9	9	9	9	9	3

8	8	3	3	3	5	5	5	5	3
8	8	8	8	9	9	1	5	3	3
8	3	3	3	9	6	6	6	6	6
8	6	6	9	9	1	6	3	3	3
6	6	6	7	9	9	9	1	6	6
2	6	3	7	3	1	9	8	6	6
2	3	3	7	3	3	4	8	8	6
7	7	7	7	6	6	4	4	8	6
2	3	3	4	4	6	6	4	8	2
2	3	4	4	6	6	8	8	8	2

47

6	6	6	5	5	5	5	6	6	3
6	3	6	9	2	5	6	6	3	3
3	3	6	9	2	8	6	4	4	4
2	9	9	9	9	8	6	4	3	3
2	9	6	5	5	8	8	8	8	3
9	9	6	5	5	5	1	8	8	1
6	6	6	6	1	7	7	3	3	5
4	2	1	7	7	7	4	3	5	5
4	2	7	7	6	4	4	4	3	5
4	4	6	6	6	6	6	3	3	5

48

49

7	5	5	5	4	4	4	5	5	5
7	7	7	5	7	7	4	7	5	6
7	7	2	5	7	7	7	7	5	6
7	5	2	9	9	9	4	6	6	6
8	5	5	2	2	9	4	6	3	3
8	8	5	1	9	9	4	4	3	7
1	8	5	9	9	3	3	7	7	7
5	8	8	7	9	3	1	7	7	7
5	8	8	7	7	7	7	5	5	2
5	5	5	7	7	1	5	5	5	2

50

7	5	5	5	4	4	4	5	5	5
7	7	7	5	7	7	4	7	5	6
7	7	2	5	7	7	7	7	5	6
7	5	2	9	9	9	4	6	6	6
8	5	5	2	2	9	4	6	3	3
8	8	5	1	9	9	4	4	3	7
1	8	5	9	9	3	3	7	7	7
5	8	8	7	9	3	1	7	7	7
5	8	8	7	7	7	7	5	5	2
5	5	5	7	7	1	5	5	5	2

51

5	5	5	9	9	9	9	5	5	5
5	4	9	9	9	4	4	4	5	5
5	4	7	7	9	9	4	2	3	3
4	4	5	7	7	8	8	2	3	2
5	5	5	7	1	8	8	8	8	2
3	6	5	7	7	4	4	4	8	1
3	6	6	6	2	2	4	7	8	4
3	6	6	4	4	4	7	7	4	4
5	5	5	5	4	5	5	7	4	1
5	3	3	3	5	5	5	7	7	7

52

7	7	7	9	9	3	1	6	6	8
7	7	7	9	9	3	3	6	6	8
6	7	5	5	9	9	9	6	8	8
6	6	5	5	8	8	9	6	3	8
6	6	5	8	8	8	9	2	3	8
6	3	7	8	8	8	1	2	3	8
3	3	7	2	2	3	3	3	7	8
7	7	7	7	4	4	4	7	7	7
7	3	6	3	3	3	4	1	7	7
3	3	6	6	6	6	6	2	2	7

53

3	3	3	4	4	1	8	8	8	8
7	7	4	4	8	9	9	9	8	8
7	7	7	8	8	9	9	9	8	1
7	3	8	8	8	9	9	3	8	2
7	3	7	3	8	3	9	3	3	2
5	3	7	3	8	3	3	4	4	3
5	5	7	3	4	5	5	4	4	3
5	7	7	4	4	4	5	5	5	3
5	1	7	2	2	6	6	6	6	6
2	2	7	1	5	5	5	5	5	6

54

4	4	4	4	5	5	5	5	4	7
9	9	9	9	1	5	4	4	4	7
4	4	9	9	2	2	3	3	3	7
4	4	9	9	4	4	4	2	2	7
5	5	5	9	4	8	3	3	3	7
5	5	8	8	8	8	4	4	7	7
7	1	8	6	6	8	2	4	1	2
7	2	8	1	6	6	2	4	6	2
7	2	4	4	4	6	3	3	6	6
7	7	7	7	4	6	3	6	6	6

55

9	3	5	5	7	7	7	7	5	8
9	3	5	5	3	7	5	5	5	8
9	3	5	3	3	7	1	3	5	8
9	9	8	8	8	7	3	3	8	8
9	9	1	2	8	6	6	8	8	8
9	9	6	2	8	8	6	6	6	6
5	3	6	6	8	3	2	2	1	2
5	3	3	6	8	3	5	7	7	2
5	5	6	6	2	3	5	5	7	7
5	3	3	3	2	5	5	7	7	7

56

5	5	5	5	6	6	6	5	3	3
5	7	7	2	6	5	5	5	3	5
1	7	4	2	6	5	4	7	7	5
7	7	4	4	6	4	4	7	5	5
7	7	2	4	3	2	4	7	7	5
8	8	2	1	3	2	3	3	7	9
8	8	3	5	3	5	1	3	7	9
8	3	3	5	5	5	9	9	9	9
8	8	6	6	6	1	5	9	5	9
8	2	2	6	6	6	5	5	5	9

57

5	3	3	3	6	3	3	5	5	5
5	6	6	6	6	6	3	5	6	6
5	3	3	2	2	8	8	5	6	6
5	6	3	7	7	8	3	3	6	3
5	6	6	7	1	8	8	3	6	3
6	6	6	7	2	9	8	8	8	3
3	3	7	7	2	9	9	3	3	7
3	1	7	4	4	2	9	3	2	7
5	5	1	4	9	2	9	7	2	7
5	5	5	4	9	9	9	7	7	7

58

3	3	1	3	3	5	5	5	5	5
3	8	8	8	3	1	8	2	2	1
7	7	7	8	8	8	8	5	5	5
7	7	3	3	4	2	7	7	5	2
3	7	3	6	4	2	5	7	5	2
3	7	6	6	4	4	5	7	7	7
3	6	6	6	5	9	5	1	7	5
8	5	5	5	5	9	5	3	3	5
8	8	1	8	9	9	5	9	3	5
8	8	8	8	9	9	9	9	5	5

59

2	2	7	7	7	7	7	7	9	9
6	6	6	6	2	2	7	9	9	3
6	4	4	4	3	3	3	9	9	3
6	4	3	7	5	5	9	9	9	3
5	5	3	7	5	5	5	4	8	1
5	5	3	7	1	4	4	4	8	8
6	5	6	7	3	1	8	8	8	8
6	6	6	7	3	3	8	1	4	4
6	5	7	7	4	4	1	3	2	4
5	5	5	5	4	4	3	3	2	4

60

4	4	4	7	5	1	4	4	6	6
4	7	7	7	5	5	4	4	6	6
2	2	7	7	4	5	5	3	2	6
5	5	7	4	4	4	3	3	2	6
5	5	3	8	8	8	8	8	8	4
5	3	3	8	1	3	8	4	4	4
3	9	9	9	9	3	3	5	5	5
3	3	8	1	9	9	9	5	4	5
8	8	8	3	3	3	9	9	4	4
8	8	8	8	2	2	3	3	3	4

61

7	7	7	8	5	5	6	6	6	7
7	7	7	8	5	5	5	6	6	7
7	6	6	8	8	8	8	8	6	7
6	6	6	6	8	2	4	1	7	7
5	5	4	4	4	2	4	3	7	7
5	5	6	4	6	4	4	3	3	8
5	4	6	6	6	1	9	4	1	8
3	4	4	6	3	3	9	4	4	8
3	4	2	2	3	9	9	8	4	8
3	1	9	9	9	9	9	8	8	8

62

6	6	6	7	7	7	7	7	7	1
6	6	9	7	1	3	2	3	1	5
6	9	9	3	2	3	2	3	3	5
9	9	3	3	2	3	4	4	5	5
9	3	6	6	6	6	4	4	3	5
9	3	3	6	6	4	5	5	3	3
9	7	7	4	4	4	5	6	6	6
9	5	7	7	7	7	5	5	6	8
5	5	7	6	6	8	8	6	6	8
5	5	6	6	6	6	8	8	8	8

4	4	4	4	6	3	6	6	6	6
1	2	2	6	6	3	3	6	6	3
8	6	6	6	3	7	7	7	7	3
8	8	1	3	3	6	1	3	7	3
5	8	8	8	8	6	3	3	7	7
5	5	5	8	5	6	2	2	4	5
4	5	8	5	5	6	6	4	4	5
4	4	8	8	5	5	6	1	4	5
4	6	6	8	8	8	8	4	5	5
6	6	6	6	8	2	2	4	4	4

63

8	8	8	8	8	8	5	5	5	5
3	3	8	8	6	9	9	5	3	3
8	3	6	6	6	9	2	2	3	8
8	5	5	6	6	9	8	8	8	8
8	5	5	5	9	9	3	8	8	8
8	1	8	9	9	5	3	3	7	7
8	8	8	9	5	5	2	2	7	7
4	4	1	7	7	5	5	7	7	6
4	3	3	7	7	3	3	7	6	6
4	3	1	7	7	7	3	6	6	6

64

9	9	9	9	9	9	9	7	7	7
3	3	7	9	9	5	5	7	5	5
3	1	7	2	3	5	5	7	7	5
7	7	7	2	3	3	5	7	5	5
4	4	7	8	8	2	2	4	4	4
6	4	7	8	3	3	3	6	4	3
6	4	8	8	8	8	8	6	6	3
6	6	6	7	7	2	3	6	6	3
6	3	1	7	1	2	3	6	5	5
3	3	7	7	7	7	3	5	5	5

65

8	8	7	7	7	7	7	7	7	1
8	8	8	2	2	5	5	5	5	6
8	8	4	4	4	9	5	9	6	6
8	1	4	8	9	9	9	9	6	6
4	8	8	8	4	4	9	4	4	6
4	6	8	8	8	4	9	1	4	4
4	6	6	2	8	4	9	8	8	8
4	5	6	2	4	8	8	8	4	4
5	5	6	4	4	5	5	8	4	4
5	5	6	4	5	5	5	8	2	2

66

3	2	2	4	4	4	3	3	6	5
3	3	8	4	7	7	3	6	6	5
2	8	8	1	3	7	6	6	6	5
2	8	8	3	3	7	1	3	3	5
4	4	8	8	8	7	9	9	3	5
4	6	3	3	3	7	9	9	9	3
4	6	6	4	4	7	4	9	6	3
6	6	4	4	3	1	4	9	6	3
6	2	2	3	3	4	4	9	6	6
7	7	7	7	7	7	7	9	6	6

67

8	8	3	3	3	6	6	6	6	6
8	8	1	4	4	3	6	3	3	7
8	2	3	3	4	3	3	7	3	7
8	2	1	3	4	7	1	7	7	7
8	7	7	7	7	7	9	9	7	2
8	7	4	4	6	9	9	1	5	2
6	6	4	4	6	6	9	5	5	5
6	6	7	3	6	6	9	9	6	5
6	6	7	3	3	6	9	9	6	6
2	2	7	7	7	7	7	6	6	6

68

69

9	9	9	3	3	2	2	7	7	6
2	9	9	9	3	7	7	7	6	6
2	9	9	6	7	7	3	6	3	6
5	5	9	6	6	6	3	6	3	6
5	5	5	7	6	6	3	6	3	6
7	7	7	7	7	1	6	6	6	4
7	6	2	2	1	8	8	3	7	4
3	6	4	4	4	8	3	3	7	4
3	6	6	4	1	8	8	1	7	4
3	6	6	8	8	8	7	7	7	7

70

6	6	6	6	4	4	2	2	1	7
6	4	4	6	4	4	9	9	9	7
4	4	9	9	9	9	9	3	3	7
6	6	6	6	9	4	4	3	1	7
7	5	6	6	4	4	6	7	7	7
7	5	5	5	5	6	6	8	8	8
7	3	3	6	6	6	2	3	8	8
7	3	5	5	5	5	2	3	3	8
7	2	2	5	6	6	5	5	5	8
7	7	6	6	6	6	5	5	1	8

6	6	6	5	7	7	7	7	7	7
6	6	6	5	4	4	7	3	3	3
3	3	8	5	5	4	9	9	9	9
1	3	8	5	1	4	9	2	2	5
8	8	8	8	9	9	9	3	5	5
8	8	3	3	3	9	2	3	5	5
6	6	6	6	6	3	2	3	6	6
3	3	3	1	6	3	3	6	6	6
5	5	5	7	1	7	7	2	3	6
5	5	1	7	7	7	7	2	3	3

71

3	9	2	2	5	5	5	5	4	4
3	9	9	8	8	5	3	6	4	4
3	9	8	8	8	3	3	6	5	5
1	9	9	1	8	8	8	6	6	5
9	9	9	3	7	2	6	6	4	5
7	1	3	3	7	2	7	7	4	5
7	5	5	5	7	7	7	6	4	4
7	5	5	2	2	5	5	6	6	6
7	4	4	4	3	3	5	4	4	6
7	7	7	4	3	5	5	4	4	6

72

73

4	4	4	6	6	7	7	3	3	6
3	3	4	6	7	7	7	7	3	6
6	3	6	6	6	1	7	5	1	6
6	7	4	4	4	4	5	5	6	6
6	7	7	3	3	3	5	5	9	6
6	7	4	4	4	8	8	8	9	9
6	7	2	4	8	8	9	9	9	9
6	7	2	3	8	8	8	9	9	2
2	7	3	3	6	6	3	3	3	2
2	1	6	6	6	6	4	4	4	4

74

4	4	4	6	6	3	3	4	4	4
3	4	5	5	6	2	3	5	4	3
3	5	5	6	6	2	5	5	5	3
3	5	4	6	8	8	1	9	5	3
2	4	4	4	8	2	3	9	9	1
2	8	8	8	8	2	3	3	9	9
5	4	4	2	8	3	4	4	9	9
5	4	4	2	3	3	4	4	5	9
5	5	3	3	5	5	3	3	5	9
5	1	3	5	5	5	3	5	5	5

6	6	6	6	7	7	7	1	5	5
7	6	2	1	7	5	5	2	2	5
7	6	2	7	7	5	3	3	4	5
7	7	1	7	5	5	3	8	4	5
7	7	5	8	8	8	8	8	4	6
4	7	5	5	5	8	8	6	4	6
4	4	4	6	5	9	9	6	6	6
6	6	6	6	9	9	9	9	9	1
6	4	4	5	5	9	6	6	9	2
4	4	5	5	5	6	6	6	6	2

75

7	7	8	8	8	8	8	7	1	5
7	7	7	8	8	8	1	7	5	5
7	7	4	4	3	3	3	7	5	5
3	3	3	4	4	1	7	7	6	6
5	5	5	3	3	7	7	6	6	6
5	5	6	6	3	9	9	9	9	6
6	6	6	9	9	9	9	4	2	2
3	6	5	2	9	2	4	4	4	6
3	5	5	2	4	2	3	3	3	6
3	5	5	4	4	4	6	6	6	6

76

5	6	6	4	4	4	3	2	1	7
5	4	6	6	4	3	3	2	7	7
5	4	6	6	8	4	4	4	7	7
5	4	8	8	8	3	4	7	7	8
5	4	3	8	3	3	2	2	8	8
7	3	3	8	8	1	8	8	8	8
7	7	7	7	8	9	8	3	3	3
5	7	7	2	2	9	5	5	5	5
5	5	1	3	1	9	5	3	3	3
5	5	3	3	9	9	9	9	9	9

77

6	9	9	9	5	5	5	5	6	6
6	6	3	9	9	5	9	6	6	5
6	6	3	3	9	9	9	6	5	5
8	6	8	1	3	3	1	6	5	6
8	8	8	8	5	3	2	2	5	6
3	3	8	8	5	1	3	3	3	6
3	6	3	5	5	5	8	8	8	6
6	6	3	3	2	8	8	8	5	6
6	6	7	7	2	8	2	8	5	6
6	7	7	7	7	7	2	5	5	5

78

79

6	6	6	4	4	4	6	4	4	5
3	6	6	6	4	6	6	6	4	5
3	3	7	3	8	6	6	1	4	5
2	2	7	3	8	8	8	8	5	5
3	3	7	3	4	4	4	8	8	8
3	7	7	7	4	9	3	3	7	1
4	4	1	7	9	9	9	3	7	3
4	2	2	9	9	9	9	1	7	3
4	3	4	4	2	9	4	7	7	3
3	3	4	4	2	4	4	4	7	7

80

4	3	3	8	8	8	8	8	8	1
4	3	1	8	4	9	9	3	3	3
4	2	7	8	4	9	9	9	2	2
4	2	7	7	4	9	9	3	3	3
6	6	7	7	4	9	9	2	2	6
6	4	4	7	7	4	6	6	6	6
6	6	4	4	1	4	4	3	3	6
6	4	7	7	7	7	4	3	5	5
4	4	4	7	6	7	7	4	5	5
6	6	6	6	6	1	4	4	4	5

3	3	8	8	8	8	4	4	6	4
3	6	4	3	8	4	4	6	6	4
6	6	4	3	8	1	6	6	4	4
6	4	4	3	8	3	6	1	6	6
6	2	2	9	8	3	7	3	6	6
6	9	1	9	1	3	7	3	3	6
9	9	9	9	5	5	7	7	4	6
9	9	6	5	5	5	7	3	4	3
2	6	6	3	3	2	7	3	4	3
2	6	6	6	3	2	7	3	4	3

81

4	4	7	7	7	7	7	6	2	2
4	4	8	7	3	3	6	6	6	9
1	8	8	7	3	8	8	8	6	9
8	8	3	3	7	3	3	8	6	9
8	8	3	5	7	3	8	8	8	9
5	8	2	5	7	7	7	2	8	9
5	4	2	5	7	6	7	2	9	9
5	4	1	5	6	6	6	6	9	7
5	4	2	5	4	6	1	7	9	7
5	4	2	4	4	4	7	7	7	7

82

8	8	8	7	7	4	4	6	6	6
8	6	6	7	7	4	4	6	7	6
8	6	6	7	7	3	3	3	7	6
8	1	6	6	7	5	5	7	7	7
8	8	5	3	3	5	2	2	8	7
9	5	5	5	3	5	6	8	8	7
9	1	5	3	2	5	6	6	8	8
9	9	3	3	2	3	3	6	6	8
9	1	2	2	7	7	3	6	1	8
9	9	9	9	7	7	7	7	7	8

83

6	6	6	6	6	8	8	8	8	8
9	6	3	3	3	8	8	1	8	7
9	2	5	5	1	3	3	4	4	7
9	2	3	5	5	7	3	4	4	7
9	3	3	5	7	7	7	3	7	7
9	9	9	8	8	8	7	3	7	7
1	9	9	8	8	8	7	3	5	5
6	2	2	8	8	6	7	2	3	5
6	5	5	5	5	6	6	2	3	5
6	6	6	6	5	6	6	6	3	5

84

85

5	2	2	7	7	7	7	7	8	8
5	5	1	7	5	7	1	8	8	1
5	5	9	5	5	5	4	8	3	3
4	4	9	9	3	5	4	8	3	2
4	4	6	9	3	4	4	8	8	2
6	6	6	9	3	5	5	4	4	4
6	6	9	9	5	5	5	4	6	6
3	3	3	9	9	6	6	6	6	4
6	6	2	2	4	4	4	5	5	4
6	6	6	6	4	5	5	5	4	4

86

9	9	3	3	3	7	7	7	2	2
9	9	9	9	9	9	9	7	7	4
2	2	3	3	4	4	4	7	4	4
6	6	3	4	3	3	4	7	1	4
6	4	4	4	3	8	8	8	8	8
6	6	3	3	4	3	8	4	8	8
3	6	5	3	4	3	4	4	3	1
3	3	5	4	4	3	4	3	3	2
4	5	5	5	3	6	6	6	6	2
4	4	4	3	3	6	6	3	3	3

4	4	6	6	3	9	9	9	9	1
4	6	6	6	3	3	9	3	2	2
4	1	6	8	8	8	9	3	5	5
1	8	8	8	4	4	9	3	5	5
4	4	3	8	4	4	9	9	3	5
4	2	3	8	1	3	4	1	3	3
4	2	3	1	3	3	4	4	6	5
3	3	7	7	7	7	7	4	6	5
4	3	7	2	4	4	7	6	6	5
4	4	4	2	4	4	6	6	5	5

87

4	4	5	4	4	4	6	6	6	6
4	4	5	4	7	7	6	6	4	4
5	5	5	2	2	7	7	7	7	4
3	3	3	1	4	8	8	7	1	4
4	4	7	7	4	8	4	5	5	3
4	4	7	4	4	8	4	4	5	3
6	6	7	8	8	8	4	5	5	3
6	7	7	8	4	9	9	4	4	4
6	7	2	4	4	9	9	9	4	9
6	6	2	4	2	2	1	9	9	9

88

89

5	4	4	4	4	8	8	5	5	5
5	5	5	6	6	6	8	8	5	5
5	3	6	6	3	3	3	8	8	8
3	3	6	3	2	2	9	9	3	8
5	5	3	3	9	9	9	5	3	3
5	7	7	7	7	9	1	5	5	5
5	7	2	7	1	9	9	9	5	6
5	3	2	7	4	8	8	8	6	6
3	3	4	4	4	8	6	6	6	1
1	2	2	8	8	8	8	3	3	3

90

8	1	4	4	4	4	3	3	5	5
8	8	8	8	8	1	3	5	5	3
8	3	3	8	6	6	6	6	5	3
6	3	6	3	3	3	6	6	4	3
6	6	6	4	4	4	3	3	4	4
3	3	6	4	9	9	9	3	4	7
3	4	9	9	9	9	9	9	7	7
4	4	2	2	1	4	4	6	2	7
5	4	5	3	4	4	6	6	2	7
5	5	5	3	3	6	6	6	7	7

91

8	8	6	6	6	6	6	4	4	4
8	8	8	1	2	4	6	4	7	7
8	4	4	4	2	4	4	7	7	7
8	1	4	7	3	4	7	7	2	2
8	7	7	7	3	3	9	9	1	6
6	7	9	9	9	9	9	6	6	6
6	7	7	9	9	4	4	5	6	6
6	6	1	2	4	4	5	5	5	5
6	4	4	2	6	6	4	4	3	3
6	4	4	6	6	6	6	4	4	3

92

4	4	2	2	5	2	2	7	7	7
9	4	4	9	5	5	6	6	7	7
9	9	9	9	5	5	6	6	6	7
4	4	3	9	9	9	6	8	8	7
7	4	3	7	6	6	8	8	1	5
7	4	3	7	6	6	6	8	5	5
7	3	1	7	2	2	6	8	1	5
7	3	3	7	7	7	8	8	4	5
7	7	7	8	7	1	3	3	4	1
8	8	8	8	8	8	8	3	4	4

93

6	6	5	5	5	6	3	3	4	4
6	6	6	5	5	6	6	3	4	5
6	7	7	3	3	3	6	8	4	5
2	2	7	7	7	6	6	8	5	5
3	6	1	6	7	8	8	8	5	7
3	6	6	6	7	5	8	8	7	7
3	2	2	6	9	5	5	8	2	7
7	7	7	7	9	9	5	4	2	7
7	1	3	9	9	9	5	4	7	7
7	7	3	3	9	9	9	4	4	1

94

6	6	6	6	7	9	9	9	9	9
2	2	6	6	7	9	4	9	2	9
6	7	7	7	7	4	4	4	2	9
6	6	6	7	6	6	6	7	7	7
6	3	3	3	6	6	6	5	5	7
6	4	4	4	4	5	5	5	1	7
4	3	3	3	2	2	8	8	7	7
4	6	6	6	8	8	8	4	4	4
4	6	1	8	8	1	6	6	6	4
4	6	6	8	3	3	3	6	6	6

95

7	7	7	7	7	5	3	1	7	7
7	8	7	5	5	5	3	3	7	7
8	8	8	8	5	4	7	7	7	8
8	6	1	4	4	4	2	2	8	8
8	6	6	6	6	9	1	8	8	8
8	7	6	1	9	9	9	8	9	8
7	7	3	7	7	7	9	9	9	6
7	3	3	7	7	7	2	9	3	6
7	7	7	3	7	4	2	3	3	6
2	2	3	3	4	4	4	6	6	6

96

6	6	5	4	4	6	4	4	2	7
6	5	5	5	4	6	4	4	2	7
6	6	8	5	4	6	6	6	7	7
1	6	8	8	1	6	9	7	7	7
4	2	2	8	9	9	9	9	9	9
4	4	4	8	8	9	3	6	9	1
5	5	5	8	4	3	3	6	6	2
5	5	1	8	4	6	6	6	5	2
7	3	3	3	4	4	5	5	5	5
7	7	7	7	7	7	4	4	4	4

8	8	9	9	4	3	3	3	5	3
8	9	9	9	4	4	4	5	5	3
8	8	1	9	9	9	9	5	5	3
8	3	3	3	4	4	8	2	2	8
8	8	4	5	4	8	8	8	8	8
7	7	4	5	4	8	1	6	6	6
7	7	4	5	5	5	2	6	2	1
7	7	4	7	7	7	2	6	2	5
7	6	6	3	3	7	1	6	5	5
6	6	6	6	3	7	7	7	5	5

97

2	2	6	6	6	6	9	9	8	8
7	7	7	6	6	9	9	9	1	8
2	7	7	7	7	9	9	3	3	8
2	5	5	4	4	9	9	3	2	8
6	3	5	4	4	1	3	4	2	8
6	3	5	5	8	3	3	4	8	8
6	3	8	8	8	8	8	4	4	6
6	5	1	8	8	6	5	5	5	6
6	5	3	3	3	6	6	5	6	6
6	5	5	5	6	6	6	5	6	6

98

99

7	6	6	6	6	3	6	5	6	6
7	2	2	6	6	3	6	5	6	6
7	7	7	2	2	3	6	5	5	6
7	7	8	8	8	6	6	5	9	6
6	8	8	3	8	9	6	9	9	9
6	8	5	3	1	9	9	9	1	3
6	8	5	3	7	9	6	5	3	3
6	5	5	7	7	7	6	5	5	5
6	5	3	2	7	7	6	6	4	5
6	3	3	2	7	6	6	4	4	4

100

6	3	3	8	3	3	7	7	4	4
6	3	6	8	3	7	7	7	4	6
6	6	6	8	8	7	2	7	4	6
2	1	8	8	8	8	2	6	6	6
2	5	5	7	3	3	4	6	5	5
5	5	3	7	3	2	4	4	5	5
5	3	3	7	7	2	4	7	5	3
1	7	7	7	1	4	7	7	3	3
3	3	9	9	4	4	4	7	7	7
3	1	9	9	9	9	9	9	9	7

4	4	3	3	7	7	7	7	7	6
5	4	4	3	7	7	2	2	6	6
5	3	3	2	2	5	5	6	6	6
5	3	4	4	4	4	5	5	3	3
5	5	6	8	2	2	5	1	5	3
6	6	6	8	8	8	1	5	5	5
4	6	6	1	9	8	8	8	7	5
4	4	4	9	9	1	8	4	7	7
3	9	9	9	3	3	3	4	7	7
3	3	9	9	9	1	4	4	7	7

101

2	6	6	6	6	5	6	6	6	6
2	7	6	6	3	5	5	6	6	3
1	7	7	7	3	3	5	2	3	3
7	7	8	8	8	8	5	2	7	7
7	6	8	8	3	7	7	7	7	7
6	6	8	3	3	5	5	5	5	4
6	6	8	9	9	9	1	5	4	4
3	6	4	4	4	9	3	3	3	4
3	3	4	9	9	9	9	5	5	5
5	5	5	5	5	9	2	2	5	5

102

103

4	4	4	8	8	8	8	4	5	5
4	6	6	6	1	8	4	4	4	5
2	6	7	6	3	8	1	7	7	5
2	6	7	3	3	8	7	7	7	5
7	7	7	6	6	8	1	6	7	7
5	7	6	6	6	1	5	6	2	2
5	7	9	6	9	9	5	6	3	3
5	5	9	9	9	3	5	6	5	3
5	4	4	9	9	3	5	6	5	5
4	4	2	2	9	3	5	6	5	5

104

5	4	4	4	2	8	8	7	7	7
5	5	5	4	2	8	3	7	7	7
3	5	3	3	8	8	3	3	7	3
3	9	9	3	8	8	2	2	3	3
3	9	9	9	8	7	4	4	4	4
2	9	9	9	6	7	1	7	3	3
2	7	9	6	6	7	7	7	3	5
7	7	5	5	6	4	6	7	5	5
7	7	5	5	6	4	6	6	5	5
7	7	1	5	6	4	4	6	6	6

6	6	3	1	5	5	6	6	6	6
6	3	3	7	7	5	5	2	6	3
6	6	7	7	7	5	8	2	6	3
3	6	5	5	7	8	8	8	8	3
3	3	8	5	7	8	6	6	5	5
2	1	8	5	5	8	8	6	6	5
2	8	8	7	7	7	7	7	6	5
8	8	8	1	7	7	1	5	6	5
4	4	8	2	2	5	5	5	5	9
4	4	9	9	9	9	9	9	9	9

105

4	4	5	5	5	5	3	2	2	3
3	4	4	6	5	3	3	8	8	3
3	3	1	6	6	6	4	8	2	3
7	7	7	7	6	6	4	8	2	8
7	3	3	7	3	4	4	8	8	8
7	3	2	2	3	3	1	4	4	6
4	9	9	9	9	9	4	4	1	6
4	3	9	5	9	9	5	3	3	6
4	3	5	5	9	3	5	3	6	6
4	3	5	5	3	3	5	5	5	6

106

5	7	7	7	4	4	6	6	6	6
5	7	7	4	4	8	2	2	6	3
5	5	7	1	5	8	8	3	6	3
9	5	7	5	5	2	8	3	4	3
9	9	9	5	5	2	8	3	4	4
9	5	9	9	8	8	8	5	5	4
9	5	5	9	7	7	2	2	5	5
1	5	5	7	7	7	7	6	5	3
6	6	6	5	5	1	7	6	6	3
6	6	6	5	5	5	6	6	6	3

107

3	3	3	4	4	4	9	3	3	5
5	5	5	3	3	4	9	1	3	5
5	3	5	6	3	9	9	3	5	5
3	3	6	6	6	6	9	3	3	5
1	7	7	6	3	2	9	9	9	9
2	3	7	7	3	2	8	3	3	3
2	3	3	7	3	6	8	8	8	8
6	6	7	7	6	6	3	3	3	8
6	6	3	1	6	6	4	2	2	8
6	6	3	3	6	1	4	4	4	8

108

3	3	3	4	4	4	4	3	3	7
6	4	4	3	6	6	2	2	3	7
6	6	4	3	3	6	6	7	7	7
6	9	4	2	2	6	6	4	7	6
6	9	2	3	8	8	4	4	7	6
6	9	2	3	2	8	4	6	6	6
9	9	1	3	2	8	8	1	6	4
4	9	9	9	8	8	6	3	3	4
4	4	4	9	6	8	6	6	3	4
6	6	6	6	6	1	6	6	6	4

109

7	7	7	3	3	9	9	6	6	6
3	7	7	3	8	9	1	6	6	6
3	3	7	7	8	9	9	1	3	3
1	8	8	8	8	9	9	9	3	5
2	2	4	7	8	8	9	4	4	5
4	4	4	7	6	6	4	4	5	5
7	7	7	7	7	6	6	8	5	2
4	4	4	6	1	6	6	8	8	2
4	6	6	6	6	1	8	8	8	8
3	3	3	6	3	3	3	2	2	8

110

111

3	3	4	4	8	8	2	2	4	4
3	4	4	8	8	8	9	3	4	4
1	8	8	8	6	6	9	3	3	6
5	1	3	6	6	6	9	6	6	6
5	2	3	3	1	6	9	6	6	7
5	2	4	4	4	9	9	9	7	7
5	1	7	7	4	9	3	9	6	7
5	7	7	7	7	3	3	1	6	7
6	7	1	6	2	4	4	4	6	7
6	6	6	6	2	4	6	6	6	7

112

6	3	3	3	7	7	7	7	7	7
6	6	6	2	4	4	7	2	2	6
6	5	5	2	7	4	6	4	6	6
6	5	7	7	7	4	6	4	1	6
5	5	7	7	6	6	6	4	4	6
6	3	1	7	6	8	8	8	8	6
6	3	3	9	9	9	3	4	8	1
6	6	6	9	9	9	3	4	8	8
6	5	4	4	4	9	3	4	2	8
5	5	5	5	4	9	9	4	2	1

113

3	3	8	8	8	4	4	4	3	3
2	3	2	8	1	5	5	4	3	9
2	7	2	8	5	5	5	1	9	9
7	7	7	8	6	6	4	4	4	9
7	6	7	8	6	6	5	4	9	9
7	6	6	8	6	6	5	5	5	9
6	6	6	5	4	4	4	5	3	9
1	5	5	5	4	8	8	3	3	9
7	5	2	2	1	8	8	8	8	8
7	7	7	7	7	7	8	3	3	3

114

7	2	6	6	1	6	6	1	7	7
7	2	6	6	9	6	6	6	7	7
7	6	6	4	9	6	9	7	7	7
7	4	4	4	9	9	9	3	3	3
7	7	2	2	9	5	9	9	1	4
4	7	8	8	8	5	5	5	4	4
4	4	4	3	8	5	2	6	6	4
6	6	3	3	8	7	2	7	6	6
6	6	6	6	8	7	7	7	3	6
3	3	3	8	8	7	7	3	3	6

115

8	8	8	8	8	8	7	7	7	7
9	9	4	8	8	1	7	7	7	4
9	1	4	4	3	5	5	5	4	4
9	9	9	4	3	4	4	5	5	4
6	9	9	9	3	4	4	3	3	3
6	6	7	2	2	8	8	8	7	7
6	6	7	7	7	8	8	8	8	7
6	3	7	2	7	4	8	7	7	7
3	3	5	2	7	4	1	7	6	6
5	5	5	5	4	4	6	6	6	6

116

7	9	9	9	9	5	6	6	6	3
7	9	5	9	2	5	5	6	3	3
7	5	5	9	2	5	5	6	6	7
7	7	5	9	5	3	3	7	7	7
7	7	5	9	5	5	3	7	7	7
5	5	8	8	8	5	4	4	1	4
5	5	5	1	8	5	4	2	4	4
4	4	8	8	8	1	4	2	7	4
4	3	8	2	1	4	1	7	7	7
4	3	3	2	4	4	4	7	7	7

117

2	4	4	4	4	1	6	6	6	6
2	8	3	3	3	7	7	1	6	6
8	8	7	7	7	7	2	2	4	3
8	3	3	3	7	3	4	4	4	3
8	8	4	4	4	3	6	6	5	3
6	8	8	4	9	3	6	6	5	5
6	6	1	9	9	2	2	6	5	5
6	6	3	9	9	9	3	6	3	3
3	6	3	3	4	9	3	3	4	3
3	3	4	4	4	9	9	4	4	4

118

5	6	6	6	6	6	9	9	9	9
5	4	4	4	4	6	9	4	4	4
5	5	5	3	3	3	9	9	4	2
3	3	3	8	8	8	8	9	9	2
2	2	8	8	4	1	8	1	5	5
4	7	7	4	4	3	8	6	5	5
4	7	7	7	4	3	3	6	5	6
4	4	7	2	3	4	4	6	6	6
6	6	7	2	3	4	3	5	5	5
6	6	6	6	3	4	3	3	5	5

119

8	4	4	7	7	4	6	6	6	6
8	4	4	7	4	4	4	6	4	4
8	8	7	7	2	2	7	6	4	4
8	8	1	7	1	7	7	7	7	1
8	8	4	7	3	7	7	2	4	4
9	4	4	3	3	4	4	2	4	4
9	4	6	6	6	6	4	5	5	5
9	9	6	6	3	3	4	3	5	5
9	9	9	1	7	3	7	3	4	4
9	9	7	7	7	7	7	3	4	4

120

6	2	3	8	8	7	7	7	7	7
6	2	3	3	8	7	3	3	3	7
6	8	8	8	8	4	4	4	6	4
6	6	1	2	8	5	5	4	6	4
6	5	5	2	1	5	5	6	6	4
5	5	4	1	3	3	5	6	6	4
5	6	4	4	3	9	9	9	9	7
6	6	4	3	9	9	4	7	7	7
6	6	3	3	9	4	4	7	1	3
6	2	2	9	9	4	7	7	3	3

121

6	6	6	5	2	2	9	7	7	7
3	6	6	5	5	5	9	7	7	7
3	4	6	1	5	9	9	4	4	7
3	4	4	9	9	9	3	3	4	4
2	4	9	9	2	2	6	3	6	6
2	7	7	7	7	7	6	4	4	6
7	7	3	1	8	6	6	6	4	6
1	3	3	8	8	8	6	7	4	6
5	5	4	4	4	8	7	7	7	6
5	5	5	4	8	8	8	7	7	7

122

6	5	5	5	5	9	9	9	9	9
6	5	1	7	7	7	6	6	6	9
6	6	6	7	5	5	6	6	9	9
6	7	7	7	5	5	6	5	3	9
5	8	8	1	5	6	5	5	3	2
5	5	8	6	6	6	4	5	3	2
5	2	8	6	4	4	4	5	4	4
5	2	8	6	7	7	7	7	4	4
6	6	8	8	8	7	7	6	6	6
6	6	6	6	2	2	7	6	6	6

123

6	1	5	4	4	3	3	7	7	7
6	6	5	5	4	3	7	7	7	4
6	6	1	5	4	6	7	3	6	4
6	4	4	5	6	6	6	3	6	4
4	4	3	2	6	4	6	3	6	4
1	3	3	2	4	4	9	6	6	5
6	6	6	6	4	9	9	6	9	5
6	4	6	1	9	9	9	9	9	5
4	4	7	7	7	2	2	4	4	5
4	2	2	7	7	7	7	4	4	5

124

9	9	9	4	4	4	7	7	8	8
9	9	9	4	3	3	7	7	8	8
9	1	2	2	3	5	7	7	7	8
9	8	8	5	5	5	5	2	5	8
9	3	8	2	2	4	4	2	5	8
3	3	8	8	8	4	4	5	5	8
6	6	6	8	8	3	3	3	5	6
6	6	3	3	3	7	6	6	6	6
6	3	7	7	7	7	5	5	5	6
3	3	1	7	7	3	3	3	5	5

125

5	5	5	5	9	9	9	9	3	3
3	3	3	5	9	9	4	9	3	5
5	5	5	3	9	9	4	4	5	5
3	3	5	3	3	8	4	8	5	2
3	6	5	8	8	8	8	8	5	2
6	6	7	7	3	3	1	8	7	7
6	6	7	7	3	4	4	2	2	7
6	7	7	1	4	4	2	7	7	7
3	7	5	5	5	6	2	7	3	3
3	3	5	5	6	6	6	6	6	3

126

8	8	8	8	8	6	6	4	4	3
8	1	4	4	5	1	6	1	4	3
8	2	4	2	5	6	6	6	4	3
8	2	4	2	5	4	4	1	8	8
4	3	3	7	5	4	9	4	4	8
4	3	1	7	5	4	9	4	8	8
4	4	7	7	7	9	9	4	8	8
2	2	7	7	4	9	9	9	8	3
3	3	6	6	4	4	9	4	3	3
3	6	6	6	6	4	9	4	4	4

127

2	2	8	4	4	4	4	5	1	2
5	8	8	8	1	5	5	5	6	2
5	5	8	4	4	5	6	6	6	6
5	1	8	4	9	9	9	6	4	4
5	8	8	4	9	3	3	3	4	5
4	4	4	9	9	4	6	6	4	5
3	3	4	9	4	4	4	6	6	5
5	3	9	9	7	7	7	7	6	5
5	5	4	4	4	4	6	7	6	5
5	5	6	6	6	6	6	7	7	1

128

3	6	6	6	6	7	7	5	5	3
3	3	5	6	2	7	5	5	3	3
5	5	5	6	2	7	7	5	4	4
5	3	3	3	6	7	6	9	9	4
4	4	6	6	6	7	6	9	9	4
1	4	4	6	8	8	6	1	9	9
7	7	7	6	8	4	6	6	6	9
3	3	7	8	8	4	4	4	7	9
3	7	7	8	1	2	2	7	7	9
2	2	7	8	8	7	7	7	7	1

4	4	4	4	5	5	5	3	4	4
3	3	3	7	7	5	5	3	3	4
5	5	4	7	3	3	8	8	8	4
5	5	4	7	7	3	8	7	7	7
2	5	4	7	8	8	8	8	7	1
2	7	4	7	1	4	4	3	7	2
1	7	3	9	9	4	4	3	7	2
7	7	3	3	9	9	9	3	7	3
2	7	7	7	9	9	6	6	3	3
2	3	3	3	9	9	6	6	6	6

129

4	4	4	5	5	5	5	5	3	3
4	7	7	7	7	7	3	3	2	3
8	7	6	7	3	3	7	3	2	7
8	6	6	6	3	4	7	7	7	7
8	6	6	4	4	4	1	4	7	9
8	8	1	2	2	3	4	4	3	9
3	8	8	4	4	3	3	4	3	9
3	3	8	4	3	2	2	1	3	9
4	4	7	4	3	3	7	9	9	9
4	4	7	7	7	7	7	1	9	9

130

6	6	6	5	5	5	5	5	4	4
6	6	6	9	9	9	1	4	1	4
3	3	9	9	9	4	4	4	7	4
2	3	9	9	8	8	7	7	7	7
2	7	9	6	6	8	8	3	3	7
7	7	6	6	6	6	8	3	1	7
7	7	7	5	5	5	8	2	3	3
4	4	7	2	5	8	8	2	5	3
5	4	4	2	5	7	7	7	5	5
5	5	5	5	7	7	7	7	5	5

131

4	4	3	6	6	6	6	4	4	4
4	5	3	3	4	4	6	6	4	3
4	5	5	7	4	4	8	8	8	3
5	5	7	7	9	9	4	4	8	3
4	7	7	9	9	9	9	4	8	1
4	4	7	6	6	9	9	4	8	8
4	1	7	6	1	9	6	6	6	8
2	2	6	6	3	3	6	6	4	2
3	3	5	6	3	2	2	6	4	2
3	5	5	5	5	3	3	3	4	4

132

7	7	7	7	7	3	3	3	9	4
7	7	5	1	8	5	5	5	9	4
5	5	5	8	8	8	5	5	9	4
5	6	1	7	8	8	1	2	9	4
6	6	7	7	7	8	8	2	9	9
6	7	7	2	7	5	7	7	9	9
6	5	5	2	5	5	7	4	4	9
6	5	5	6	5	7	7	7	4	4
3	5	6	6	5	1	7	6	6	6
3	3	6	6	6	2	2	6	6	6

133

5	5	5	5	6	6	6	6	2	2
3	3	3	5	9	9	6	6	7	7
6	6	9	9	9	9	9	7	7	3
6	2	5	9	9	4	4	4	7	3
6	2	5	5	3	5	4	7	7	3
6	5	5	3	3	5	5	5	2	2
6	2	2	1	6	6	5	6	6	6
8	4	4	6	6	6	4	5	5	6
8	1	4	4	6	1	4	5	5	6
8	8	8	8	8	8	4	4	5	6

134

135

4	3	3	3	5	5	7	7	7	7
4	4	2	2	5	5	8	7	7	7
4	9	9	3	3	5	8	5	5	5
7	4	9	3	9	8	8	5	5	6
7	4	9	9	9	9	8	8	6	6
7	4	4	8	1	9	8	8	6	6
7	7	7	8	4	4	4	4	6	4
4	7	8	8	2	3	3	2	4	4
4	3	3	8	2	3	1	2	4	5
4	4	3	8	8	8	5	5	5	5

136

6	6	7	7	7	7	8	8	8	8
6	6	7	7	7	8	8	2	2	4
6	6	4	4	3	1	8	9	4	4
3	3	4	4	3	3	8	9	9	4
3	5	5	5	8	8	9	9	2	2
6	3	5	5	8	8	9	9	7	7
6	3	3	8	8	1	6	9	9	7
6	6	8	8	6	6	6	6	7	7
6	7	7	7	7	7	6	5	5	7
6	2	2	1	7	7	5	5	5	7

2	3	5	5	4	4	4	7	4	4
2	3	3	5	6	6	4	7	4	4
7	7	5	5	6	1	7	7	7	8
7	7	7	3	6	7	7	5	8	8
7	2	9	3	6	5	5	5	5	8
7	2	9	3	6	3	7	7	1	8
5	5	9	4	4	3	3	7	8	8
5	5	9	5	4	4	7	7	5	8
2	5	9	5	5	5	5	7	5	5
2	1	9	9	9	9	1	7	5	5

137

7	4	4	4	3	3	9	6	6	6
7	3	3	4	3	9	9	9	6	6
7	7	3	5	1	3	9	9	9	6
3	7	7	5	3	3	9	9	2	2
3	1	7	5	5	5	2	2	3	3
3	8	8	1	6	2	8	4	4	3
8	8	5	5	6	2	8	4	4	8
8	5	5	6	6	4	8	8	8	8
8	8	5	6	6	4	8	6	6	6
8	1	3	3	3	4	4	6	6	6

138

139

6	6	2	4	4	6	6	6	6	5
6	6	2	4	4	6	8	8	5	5
6	5	1	6	2	6	8	8	9	5
6	5	5	6	2	8	8	4	9	5
7	5	1	6	8	8	4	4	9	2
7	5	6	6	5	5	5	4	9	2
7	7	7	6	5	5	7	1	9	9
7	6	7	5	6	7	7	7	7	9
6	6	6	5	6	6	6	6	7	9
6	6	5	5	5	6	2	2	7	9

140

6	6	6	3	3	6	6	4	4	4
6	6	5	3	6	6	6	3	5	4
6	5	5	5	2	6	3	3	5	5
3	3	3	5	2	8	2	2	5	5
4	4	4	8	8	8	3	9	9	9
3	3	4	8	2	1	3	3	1	9
6	3	1	8	2	3	6	6	6	9
6	2	2	8	8	3	3	6	6	9
6	6	3	3	3	5	4	4	6	9
6	6	5	5	5	5	4	4	9	9

141

3	3	3	9	9	9	9	4	4	4
5	5	5	5	5	9	9	9	3	4
3	3	4	4	2	2	6	9	3	3
3	6	6	4	6	6	6	9	1	7
6	6	6	4	6	4	6	3	3	7
6	3	3	3	4	4	4	3	7	7
2	2	1	8	8	8	8	7	7	5
3	3	3	6	8	3	8	1	7	5
6	6	6	6	8	3	2	3	3	5
3	3	3	6	8	3	2	3	5	5

142

3	3	3	8	7	7	7	7	5	5
2	8	8	8	5	5	7	7	5	5
2	8	8	3	5	5	7	1	4	5
8	8	3	3	5	7	4	4	4	3
9	2	2	5	7	7	7	1	3	3
9	5	5	5	7	8	8	8	8	8
9	5	1	7	7	3	3	8	8	5
9	9	9	5	5	5	3	1	8	5
9	2	2	6	5	5	4	4	4	5
9	9	6	6	6	6	6	4	5	5

143

9	9	9	4	4	5	6	6	6	7
9	9	9	4	4	5	5	6	6	7
1	9	9	1	8	5	5	6	2	7
3	9	8	8	8	7	8	8	2	7
3	1	8	3	3	7	8	7	7	7
3	4	8	8	3	7	8	8	8	8
4	4	8	3	7	7	7	8	7	7
3	4	2	3	3	7	1	7	7	7
3	3	2	6	6	4	4	5	5	7
6	6	6	6	4	4	5	5	5	7

144

9	9	9	9	9	4	2	2	1	8
7	7	9	9	9	4	4	4	8	8
7	4	4	9	7	7	7	1	8	8
7	7	4	4	5	7	8	8	8	4
7	6	5	5	5	7	7	6	4	4
7	6	6	5	8	8	7	6	6	4
6	6	8	8	8	8	2	2	6	6
3	6	5	8	8	4	4	3	3	6
3	5	5	1	4	4	8	3	8	2
3	5	5	8	8	8	8	8	8	2

145

7	7	5	5	5	5	5	4	6	6
7	7	7	2	2	4	4	4	6	6
7	4	4	4	4	8	2	6	6	4
7	9	3	1	8	8	2	8	8	4
9	9	3	3	9	8	8	8	4	4
4	9	9	9	9	4	4	7	7	3
4	4	9	3	4	4	3	3	7	3
4	5	5	3	3	7	7	3	7	3
5	5	3	7	7	7	7	1	7	7
5	3	3	7	1	3	3	3	1	7

146

4	4	9	9	9	5	7	7	7	7
7	4	4	9	9	5	5	5	7	7
7	7	7	7	9	9	9	5	7	6
5	5	7	7	3	2	9	3	1	6
5	6	4	3	3	2	7	3	3	6
5	6	4	2	2	1	7	7	6	6
5	6	4	7	7	4	4	7	2	6
6	6	4	7	1	4	4	7	2	5
6	1	7	7	3	3	7	7	5	5
3	3	3	7	7	3	2	2	5	5

147

4	4	2	2	9	6	6	6	6	6
4	4	9	9	9	3	3	3	6	5
9	9	9	4	4	4	4	5	5	5
9	3	9	8	8	3	3	4	3	5
3	3	8	8	8	1	3	4	3	3
5	5	5	5	8	2	2	4	4	5
5	3	2	8	8	5	4	5	5	5
3	3	2	7	5	5	4	4	5	4
1	7	1	7	5	5	4	6	6	4
7	7	7	7	6	6	6	6	4	4

148

4	4	3	7	7	6	6	6	6	6
4	6	3	7	7	7	6	4	4	4
4	6	3	7	3	7	5	5	5	4
5	6	6	3	3	1	5	4	4	6
5	5	6	6	2	2	5	4	6	6
5	5	3	3	3	1	2	4	6	8
3	3	9	5	5	5	2	6	6	8
3	1	9	5	5	9	1	8	8	8
6	6	9	9	9	9	3	3	8	8
6	6	6	6	9	9	3	2	2	8

7	3	3	7	7	7	7	7	7	8
7	7	3	4	4	4	4	7	8	8
7	7	7	8	7	7	7	3	3	8
7	1	2	8	8	7	7	7	3	8
8	8	2	5	8	8	7	2	2	8
8	3	5	5	5	8	8	9	3	8
8	3	5	2	2	8	1	9	3	8
8	3	7	5	5	5	5	9	3	9
8	1	7	5	7	4	4	9	9	9
8	8	7	7	7	7	4	4	9	9

149

5	5	3	3	9	9	9	9	9	4
5	5	1	3	4	4	9	4	4	4
8	5	2	2	4	9	9	7	6	6
8	3	3	3	4	9	7	7	3	6
8	8	1	2	2	3	3	7	3	6
8	8	5	5	5	5	3	7	3	6
8	7	5	7	4	4	4	7	2	6
8	7	7	7	7	4	6	7	2	3
3	7	4	4	6	6	6	6	3	3
3	3	4	4	6	5	5	5	5	5

150

1	7	7	7	3	7	7	7	7	7
5	5	5	7	3	3	4	7	4	2
5	5	7	7	4	4	4	7	4	2
3	3	3	7	3	3	3	8	4	4
6	6	8	8	8	1	4	8	8	8
6	6	3	8	8	8	4	4	4	8
6	3	3	8	8	5	3	2	2	8
6	4	1	3	5	5	3	3	8	8
4	4	4	3	5	5	1	9	9	9
2	2	1	3	9	9	9	9	9	9

151

7	7	7	7	7	7	7	1	4	4
8	6	6	6	5	4	4	9	4	4
8	6	6	2	5	4	4	9	3	3
8	8	6	2	5	5	2	9	9	3
4	8	8	1	2	5	2	4	9	9
4	8	3	3	2	6	6	4	4	9
4	8	3	6	6	6	6	4	1	9
4	7	7	4	4	4	4	6	6	9
7	7	1	3	3	3	6	6	6	3
7	7	7	4	4	4	4	6	3	3

152

4	6	3	3	8	8	8	8	8	2
4	6	6	3	8	8	8	3	4	2
4	1	6	6	1	2	3	3	4	4
4	7	7	6	8	2	4	4	2	4
7	7	7	1	8	8	4	4	2	1
7	4	4	4	3	8	8	8	8	8
7	1	4	6	3	4	4	4	4	9
6	6	6	6	3	9	9	9	9	9
6	5	5	4	4	4	7	7	9	9
5	5	5	4	7	7	7	7	7	9

153

5	6	6	4	2	2	3	2	7	7
5	6	4	4	4	9	3	2	7	7
5	6	6	6	9	9	3	1	7	7
5	5	4	4	1	9	1	5	7	3
7	4	4	9	9	9	9	5	4	3
7	5	5	5	5	9	5	5	4	3
7	7	5	8	8	8	8	5	4	4
7	7	8	8	5	8	6	3	3	3
7	3	3	8	5	6	6	4	4	4
2	2	3	5	5	5	6	6	6	4

154

155

7	7	1	3	6	6	6	1	9	9
7	7	7	3	3	6	6	6	9	9
7	1	3	2	2	3	3	2	2	9
7	8	3	7	7	3	8	4	4	9
8	8	3	7	7	1	8	4	4	9
8	8	8	7	7	8	8	8	8	9
3	8	8	7	6	8	2	2	8	9
3	5	5	6	6	5	5	6	4	4
3	5	3	3	6	5	6	6	6	4
5	5	3	6	6	5	5	6	6	4

156

4	4	5	5	2	2	7	2	2	4
4	4	5	5	5	7	7	4	4	4
6	6	4	4	4	4	7	7	7	7
6	6	3	3	3	9	9	4	4	4
7	6	6	5	5	9	9	9	3	4
7	4	4	5	5	2	2	9	3	3
7	4	4	6	5	3	8	9	9	9
7	7	7	6	1	3	8	3	3	3
5	7	5	6	6	3	8	1	8	1
5	5	5	1	6	6	8	8	8	8

157

6	6	6	4	4	8	3	3	1	3
6	5	4	4	8	8	3	8	8	3
6	5	5	3	3	8	8	8	5	3
6	5	5	3	9	9	3	2	5	5
9	9	9	9	9	3	3	2	5	5
9	5	5	5	5	8	4	3	3	3
9	7	5	7	7	8	4	4	4	8
5	7	7	7	1	8	8	8	8	8
5	5	2	7	5	5	1	5	5	5
5	5	2	5	5	5	2	2	5	5

158

3	3	3	1	7	7	7	7	7	3
6	6	8	8	7	4	4	7	8	3
6	6	6	8	4	4	3	3	8	3
3	3	6	8	2	2	3	1	8	8
4	3	8	8	8	4	8	8	8	8
4	4	3	8	4	4	4	9	4	4
5	4	3	3	2	2	7	9	4	9
5	5	5	7	7	7	7	9	4	9
5	6	6	7	7	4	1	9	9	9
6	6	6	6	4	4	4	2	2	9

159

4	4	7	7	7	9	9	5	5	5
4	4	7	5	9	9	9	5	5	4
7	7	7	5	1	9	9	9	4	4
6	3	3	5	5	4	4	9	4	8
6	6	3	5	4	4	8	8	8	8
6	6	6	4	7	7	7	8	3	3
3	3	4	4	4	3	7	8	8	3
7	3	7	7	3	3	7	1	2	2
7	7	7	7	1	7	7	6	4	4
1	2	2	6	6	6	6	6	4	4

160

6	6	1	3	3	7	7	7	7	6
3	6	5	5	3	1	7	5	7	6
3	6	6	5	4	3	7	5	5	6
3	6	5	5	4	3	3	5	5	6
5	5	9	9	4	4	8	8	3	6
5	9	9	2	2	8	8	3	3	6
5	5	9	3	3	8	8	2	2	3
4	4	9	3	6	1	8	8	6	3
4	4	9	6	6	6	3	6	6	3
1	9	9	6	6	3	3	6	6	6

4	4	4	6	6	6	3	5	7	7
7	4	6	6	6	3	3	5	7	7
7	2	2	4	4	5	5	5	7	3
7	1	4	4	2	4	4	4	7	3
7	7	7	9	2	4	2	2	7	3
4	7	9	9	9	6	6	6	6	6
4	6	9	9	9	6	3	3	2	2
4	6	4	4	9	8	3	8	3	3
4	6	4	4	9	8	8	8	4	3
6	6	6	8	8	8	1	4	4	4

161

8	8	8	8	7	7	7	4	4	4
8	8	6	6	6	6	7	4	1	2
1	8	8	3	6	6	7	7	7	2
4	4	7	3	5	5	5	5	9	5
4	4	7	3	5	9	9	9	9	5
5	5	7	2	2	5	5	9	5	5
5	5	7	7	4	5	5	9	5	3
5	6	7	1	4	5	9	9	3	3
6	6	7	2	4	6	6	4	4	4
6	6	6	2	4	6	6	6	6	4

162

163

5	5	4	4	1	9	4	4	6	6
6	5	4	9	9	9	4	4	3	6
6	5	4	9	4	9	7	3	3	6
6	5	9	9	4	4	7	7	6	6
6	6	9	8	1	4	7	7	7	2
3	6	8	8	2	2	6	6	7	2
3	3	8	8	8	3	6	3	3	3
4	4	4	8	8	3	6	6	6	5
4	7	7	7	7	3	4	5	5	5
7	7	7	1	2	2	4	4	4	5

164

6	6	6	3	3	4	4	4	6	6
6	6	4	4	3	4	3	6	6	9
2	6	4	4	6	3	3	6	6	9
2	7	7	7	6	6	2	3	9	9
1	7	3	3	6	6	2	3	3	9
7	7	7	3	6	8	1	9	9	9
6	2	8	8	8	8	4	5	5	9
6	2	5	5	8	8	4	5	5	6
6	5	5	5	1	8	4	4	5	6
6	6	6	3	3	3	6	6	6	6

165

4	4	2	2	7	7	7	3	3	9
4	4	6	6	7	1	7	7	3	9
6	6	6	6	4	4	4	7	9	9
2	7	3	3	6	4	9	9	9	9
2	7	7	3	6	5	5	5	5	9
5	7	6	6	6	6	5	7	1	7
5	7	7	7	8	8	7	7	7	7
5	4	4	4	8	6	7	2	2	3
5	4	8	8	8	6	6	4	3	3
5	1	8	8	6	6	6	4	4	4

166

4	6	6	4	4	4	8	6	6	6
4	4	6	4	1	8	8	6	4	6
4	6	6	2	2	8	2	4	4	6
3	3	6	8	8	8	2	4	3	3
9	3	9	8	4	1	5	5	3	2
9	9	9	9	4	4	6	5	5	2
3	3	9	3	3	4	6	6	5	7
7	3	9	9	3	5	6	6	6	7
7	7	7	7	7	5	5	5	7	7
3	3	3	7	2	2	5	7	7	7

2	2	9	9	9	9	9	6	6	6
3	3	3	9	3	3	3	5	6	6
5	5	9	9	4	4	5	5	4	6
5	5	9	1	4	1	5	5	4	4
5	2	2	8	4	8	8	8	3	4
6	6	4	8	8	8	5	5	3	3
6	4	4	8	7	2	2	5	6	6
6	4	5	5	7	7	5	5	6	6
6	5	5	5	7	7	7	6	6	5
6	3	3	3	7	1	5	5	5	5

167

5	5	6	6	6	6	3	3	7	7
5	5	6	5	6	3	6	3	7	7
6	5	2	5	3	3	6	7	7	1
6	6	2	5	5	1	6	7	4	4
6	6	7	5	1	6	6	6	4	4
4	6	7	7	8	8	8	1	3	3
4	3	3	7	7	8	3	3	2	3
4	3	5	7	7	8	8	3	2	9
4	5	5	4	1	8	9	9	9	9
5	5	4	4	4	8	9	9	9	9

168

169

5	5	8	8	3	3	3	2	2	3
5	5	8	8	8	8	8	1	3	3
8	5	6	6	6	8	4	4	8	8
8	1	6	6	6	7	4	4	8	8
8	8	8	2	2	7	9	9	8	8
4	8	8	7	7	7	4	9	8	8
4	8	1	7	7	4	4	9	9	9
4	7	4	4	1	4	6	4	4	9
4	7	4	4	6	6	6	4	4	9
7	7	7	7	7	6	6	2	2	9

170

3	5	5	5	5	6	6	6	8	2
3	3	9	9	5	6	6	8	8	2
6	1	9	9	1	6	8	8	3	3
6	6	9	4	8	8	8	4	4	3
6	9	9	4	6	6	4	4	5	5
6	9	9	4	4	6	5	5	5	7
6	3	3	5	6	6	1	2	2	7
4	3	5	5	5	6	7	7	7	7
4	4	8	5	8	1	3	3	2	7
4	8	8	8	8	8	8	3	2	1

171

8	8	8	8	8	8	9	9	9	9
3	7	7	8	4	8	3	3	9	9
3	7	1	4	4	4	7	3	9	9
3	7	7	3	3	3	7	7	9	5
7	7	6	2	6	6	6	7	5	5
6	6	6	2	6	6	1	7	5	5
2	6	6	1	6	3	7	7	4	4
2	8	8	8	8	3	3	2	4	3
8	8	8	6	6	5	5	2	4	3
8	6	6	6	6	5	5	5	1	3

172

6	6	7	7	7	7	7	6	6	6
6	6	7	6	7	1	3	6	6	6
6	6	1	6	6	6	3	8	8	8
4	4	6	1	2	6	3	8	8	1
4	4	6	4	2	6	8	8	8	3
6	6	6	4	4	9	1	4	4	3
5	5	6	4	9	9	9	4	4	3
5	5	5	2	2	9	5	5	5	5
3	3	6	6	9	9	9	5	6	6
3	6	6	6	6	9	6	6	6	6

5	5	5	3	6	3	3	3	6	6
9	5	5	3	6	6	6	4	6	6
9	9	9	3	6	4	4	4	6	2
9	9	9	1	6	8	8	7	6	2
4	9	9	8	8	8	1	7	7	7
4	3	3	3	8	8	7	7	3	3
4	2	2	7	7	8	7	8	8	3
4	7	7	7	4	4	1	8	1	4
7	7	3	3	3	4	4	8	8	4
5	5	5	5	5	8	8	8	4	4

173

6	6	4	4	4	9	9	4	5	3
6	3	3	9	4	9	9	4	5	3
6	3	2	9	9	9	2	4	5	3
6	6	2	8	4	9	2	4	5	6
2	2	1	8	4	4	4	6	5	6
4	8	8	8	3	3	3	6	6	6
4	4	4	8	8	7	7	7	7	4
3	3	1	8	5	5	3	7	3	4
3	5	5	3	5	5	3	7	3	4
5	5	5	3	3	5	3	7	3	4

174

175

5	8	8	8	2	2	3	5	5	5
5	5	8	8	1	3	3	2	5	5
5	5	8	3	4	4	4	2	6	6
1	8	8	3	3	4	9	9	6	6
5	5	6	6	6	6	9	6	6	4
5	5	5	6	3	6	9	4	4	4
7	7	7	7	3	1	9	9	9	6
3	7	5	7	3	9	9	4	6	6
3	1	5	7	4	4	2	4	4	6
3	5	5	5	4	4	2	4	6	6

176

2	2	7	7	1	3	3	6	6	6
5	5	5	7	7	7	3	6	6	6
5	4	7	7	2	2	5	3	9	9
5	4	6	4	4	4	5	3	3	9
4	4	6	6	6	4	5	5	5	9
5	5	4	4	6	6	9	9	9	9
5	5	5	4	1	8	8	8	8	9
6	6	3	4	8	8	5	8	3	4
6	3	3	1	8	1	5	3	3	4
6	6	6	2	2	5	5	5	4	4

6	4	4	2	2	7	2	4	4	4
6	6	4	7	7	7	2	4	8	8
6	5	4	7	7	7	1	5	5	8
6	5	5	4	2	5	5	5	1	8
6	5	5	4	2	3	4	4	4	8
8	8	4	4	3	3	4	3	3	8
8	8	8	9	9	9	9	9	3	8
8	8	8	9	5	5	4	4	7	8
6	6	6	9	9	5	4	7	7	7
6	6	6	9	5	5	4	7	7	7

177

5	5	4	4	4	6	6	6	4	4
5	5	4	7	7	7	1	6	6	4
5	7	7	7	1	3	3	3	6	4
3	7	3	3	5	5	5	5	3	3
3	8	3	8	8	3	3	5	3	4
3	8	8	8	4	4	3	4	4	4
4	8	8	3	4	4	2	3	3	5
4	4	9	3	3	9	2	3	5	5
4	3	9	9	9	9	9	2	2	5
3	3	9	9	2	2	3	3	3	5

178

179

5	2	2	7	7	4	9	7	7	7
5	5	5	7	4	4	9	7	7	7
5	8	7	7	4	9	9	1	7	1
8	8	8	7	7	9	4	3	3	3
8	8	9	9	9	9	4	4	4	5
8	8	6	3	3	3	7	7	5	5
3	3	6	6	6	7	7	1	5	5
6	3	2	6	6	2	7	7	7	2
6	6	2	4	4	2	3	3	3	2
6	6	6	4	4	5	5	5	5	5

180

7	7	7	3	3	8	8	8	8	8
7	4	7	3	2	2	8	8	8	6
4	4	7	7	6	1	2	2	6	6
3	4	3	3	6	3	3	3	6	6
3	3	5	3	6	6	1	8	3	6
5	5	5	2	2	6	6	8	3	3
3	6	5	8	8	8	8	8	9	9
3	6	4	4	3	3	8	9	9	9
3	6	4	4	7	3	1	7	9	9
6	6	6	7	7	7	7	7	9	9

www.ingramcontent.com/pod-product-compliance
Lightning Source LLC
Chambersburg PA
CBHW031943170526
45157CB00012B/234

* 9 7 8 1 0 8 6 2 1 4 2 3 9 *